高职高专"十三五"规划教材

单片机原理及应用项目化教程

主　编　黄茂飞　　刘湘黔　　许鸿泉

副主编　刘先智　　李荣斌　　张胜红

杨海啸　　陈群芳

西安电子科技大学出版社

内 容 简 介

本书以"必需、够用、实用、好用"为原则，克服理论课内容偏深、偏难的弊端，根据职业教育教学改革的目标和要求编写而成。

本书主要内容有单片机基础知识、单片机 I/O 口应用、单片机驱动数码管应用、键盘及接口技术、中断控制系统、定时器/计数器应用及串行通信应用等单片机相关基础知识，最后一个项目为基于 51 单片机的简易计算器的设计项目。

本书适用于高等、中等职业院校的电子信息、电气工程及自动化、电子技术、机械电子工程、机电一体化、计算机科学与技术以及智能控制等相关专业的学生，同时也适用于智能电子产品以及自动化等行业的技术人员。

图书在版编目(CIP)数据

单片机原理及应用项目化教程 / 黄茂飞，刘湘黔，许鸿泉主编. —西安：
西安电子科技大学出版社，2019.1(2020.9 重印)
ISBN 978–7–5606–5187–3

Ⅰ. ① 单…　Ⅱ. ① 黄…　② 刘…　③ 许…　Ⅲ. ① 单片微型计算机—教材
Ⅳ. ① TP368.1

中国版本图书馆 CIP 数据核字(2019)第 014730 号

策划编辑　杨丕勇
责任编辑　杨丕勇
出版发行　西安电子科技大学出版社(西安市太白南路 2 号)
电　　话　(029)88242885　88201467　　　邮　编　710071
网　　址　www.xduph.com　　　　　电子邮箱　xdupfxb001@163.com
经　　销　新华书店
印刷单位　陕西日报社
版　　次　2019 年 1 月第 1 版　　2020 年 9 月第 2 次印刷
开　　本　787 毫米×1092 毫米　1/16　印　张　10
字　　数　198 千字
印　　数　3001～6000 册
定　　价　35.00 元

ISBN 978–7–5606–5187–3 / TP

XDUP 5489001–2

如有印装问题可调换

前　言

本书依据应用型人才的培养要求和社会发展需求的特点，结合历年电子设计大赛、全国大学生电子设计竞赛、挑战杯等科技竞赛项目，并结合编者多年从事单片机教学一线的工作经验编写而成。本书以项目化实际范例作为主要教学手段，使学生边学边做，充分提高学生的综合实践应用能力，注重提高学生的实践动手能力，便于培养学生的创新意识。

本书特点如下：

(1) 采用项目化教学方法，从理论到仿真，再到实践制作，使用了大量的仿真并配以制作过程中相关的案例图片。本书对特别需要注意的重点环节以及学生在操作过程中容易出现的问题进行了重点的注释，提高了实用性。

(2) 以单片机实际应用项目为主线，每个项目细化为若干个任务，通过对每个任务进行细致的讲解，并在教学过程中进行练习，举一反三，真正达到了由点到面的效果。所选任务具有一定的代表性、趣味性和可操作性，充分激发学生的学习兴趣。

本书在编写时注重将实践渗透到理论教学当中，理论和实践结合，改变实验课程固有形式，从单一实验项目到综合实验项目递进，展开多层次实践教学，突出单片机知识在后续其他课程中的应用，提高学生的综合运用能力和创新能力。

本书由湖南电子科技职业学院黄茂飞、湖南安全技术职业学院刘湘黔、衡阳技师学院许鸿泉任主编，湖南电子科技职业学院刘先智、长沙市电子工业学校李荣斌、中国电建集团中南勘测设计研究院有限公司张胜红、武冈市职业中专学校杨海啸、衡阳技师学院陈群芳任副主编。其中，项目 1 至项目 3 由黄茂飞和许鸿泉编写，项目 4 由刘湘黔编写，项目 5 由杨海啸、陈群芳编写，项目 6 由李荣斌编写，项目 7 由刘先智编写，项目 8 由张胜红编写。全书由黄茂飞统稿。

由于编者水平有限，书中难免会有纰漏和不妥之处，恳请广大读者批评指正，多提宝贵意见。

编者
2018 年 8 月

目 录

项目一　单片机基础知识

📖 教学任务

任务 1：单片机知识。

任务 2：计算机数制及其相互之间的转换。

任务 3：Proteus 8 Professional 软件使用。

任务 4：Keil 软件使用。

📖 教学目标

(1) 掌握单片机的发展史、内部结构及单片机最小系统的构成。

(2) 掌握各个进制间的相互转换。

(3) 掌握 Proteus 8 Professional 软件的使用方法。

(4) 掌握 Keil 软件的使用方法。

任务 1 单片机知识

任务要求：

在本小节学习基础上简述单片机的基本结构，简要分析利用 51 单片机驱动 LED 电路的基本实现思路。

学习目标：

(1) 掌握单片机的引脚结构。

(2) 掌握单片机最小系统及各模块功能。

1. 单片机的引脚结构

单片机属于微型计算机的一种，它是把微处理器、存储器、输入/输出(Input/Output，I/O)接口、定时器/计数器、串行接口、中断系统等电路集成在一块集成电路芯片上形成的微型计算机，因而被称为单片微型计算机，简称为单片机。单片机有很多型号，其引脚数有 20个、28 个、32 个、44 个等，下面以 40 脚的双列直插式封装(Dual Inline-pin Package，DIP)的 51 单片机为例介绍单片机的引脚。单片机的引脚如图 1-1 所示。

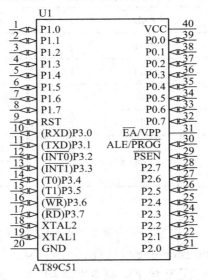

图 1-1 单片机引脚图

单片机顶部缺口左侧为第 1 个引脚，逆时针排列，右侧上端是第 40 个引脚。40 个引脚的功能如下：

(1) 电源和晶振引脚：例如，40 脚接 +5 V，20 脚接地，18 和 19 脚接晶振电路。

(2) 控制引脚：例如，9 脚为复位引脚，当连续输入两个机器周期的高电平时，单片机复位，复位后，程序计数器(Program Counter，PC)指针指向 0000H，单片机开始从头执行程序；29 脚 $\overline{\text{PSEN}}$ 为程序存储器允许输出控制端；不扩展外部程序存储器(Random Access Memory，RAM)时，30 脚 ALE 用于控制将 P0 口的输出低 8 位地址送锁存器锁存起来，实现低位地址和数据的隔离。31 脚是 $\overline{\text{EA}}$，当 $\overline{\text{EA}}$ = 1 时，单片机访问内部程序存储器；当 $\overline{\text{EA}}$ = 0 时，单片机访问外部程序存储器。

(3) I/O 口引脚：P0 口(32～39 引脚)，内部没有上拉电阻，不能正常输出高低电平，因此使用时需外接上拉电阻，一般为 10 kΩ。P1 口(1～8 引脚)为准双向口，内部自带上拉电阻，输出没有高阻状态，输入也不能锁存。因为其作输入使用时，需先进行写 1 操作，然后单片机才能正确读取外部的状态，故称为准双向口。P2 口(21～28 引脚)内部自带上拉电阻，与 P1 口相似，不再介绍。P3 口(10～17 引脚)亦为准双向口，内部自带上拉电阻，有双重功能。第一功能与 P1 口相似，作为第二复用功能使用时，各引脚定义见表 1-1。

表 1-1　P3 口的第二复用功能

端口	引脚	第二复用功能	功　能
P3.0	10	RXD	串行数据接收端
P3.1	11	TXD	串行数据发送端
P3.2	12	INT0	外部中断 0
P3.3	13	INT1	外部中断 1
P3.4	14	T0	定时器/计数器 T0 计数输入端
P3.5	15	T1	定时器/计数器 T1 计数输入端
P3.6	16	WR	外部 RAM 写选通
P3.7	17	RD	外部 RAM 读选通

2. 单片机的电平特性

数字电路只有两种电平：高电平和低电平。单片机是数字集成芯片，输入/输出是晶体管-晶体管逻辑(Transistor-Transistor Logic，TTL)电平，高电平是 +5 V，低电平是 0 V。因计算机串口是 RS-232C 电平(负逻辑电平)，高电平是 –12 V，低电平是 +12 V，所以单片机与计算机相连时，需加电平转换芯片，一般常用的电平转换芯片是 MAX232。

3. 单片机的主要特点

单片机的主要特点如下：

(1) 在存储器结构上，单片机的存储器采用哈佛(Harvard)结构。程序存储器(ROM)和数据存储器(RAM)是严格分开的。程序存储器只存放程序、固定常数和数据表格。数据存储器用作工作区及存放数据。

(2) 在芯片引脚上采用分时复用技术。

(3) 有 21 个特殊功能寄存器(Special Function Register，SFR)。

(4) 采用面向控制的指令系统。

(5) 内部一般都集成一个全双工的串行接口。

(6) 有很强的外部扩展能力。

4. 单片机的应用范围

单片机的应用范围很广，可概括为如下几个方面：

(1) 工业智能控制：主要有智能控制、设备控制、过程检测、数据采集整理与传输、测试、监控、安防等方面。

(2) 仪器仪表：单片机使仪器仪表缩小体积，提高精度和准确度，使得仪器仪表向着智能化、数字化、多元化等方向发展。

(3) 计算机外部设备及通信：传真机、打印机、信息网络以及各种通信装置。

(4) 智能家居：家用电器，如洗衣机、微波炉、消毒柜、冰箱、彩电、电饭锅、空调、风扇等。

(5) 医疗卫生：各类检测设备等。

(6) 军事：战斗机、军舰、坦克、导弹、雷达制导、导航系统等。

(7) 航空航天：神舟飞船、航天飞机等。

5. 单片机的等级

按照适应能力的不同，单片机可分为如下等级：

(1) 民用级或商用级。温度适应能力在 0～70℃。

(2) 工业级。温度适应能力在 –40～85℃，适用于工厂和工业控制中。

(3) 军用级。温度适应能力在 –65～125℃，适用于环境条件苛刻、温度变化很大的野外等环境。

6. 单片机的原理结构

MCS-51 系列单片机包含 51 和 52 两个子系列。

51 子系列中，常见的有 8031、8051、8751 等机型。

52 子系列中，常见的有 8032、8052、8752 三种机型。52 子系列与 51 子系列相比结构大部分相同，不同之处在于：片内数据存储器增至 256 B；8032 芯片不带 ROM，8052 芯片带 8 KB 的 ROM，8752 芯片带 8 KB 的 EPROM；有 3 个 16 位定时器/计数器，6 个中断源。详细对比见表 1-2。本书以 51 子系列的 8051 为例介绍 MCS-51 单片机的基本原理。

表 1-2　MSC-51 单片机性能表

型号		ROM	RAM	定时器/计数器	I/O		中断源
					并行	串行	
51 (基本型)	8031	无	128 B	2	1	1	5
	8051	4KB	128 B	2	1	1	5
	8751	无	128 B	2	1	1	5
52 (增强型)	8032	无	256 B	3	1	1	6
	8052	8KB	256 B	3	1	1	6
	8752	无	256 B	3	1	1	6

　　51 单片机的内部结构集成了中央处理器(Central Processing Unit，CPU)、存储器(RAM 和 ROM)、定时器/计数器、并行 I/O 口、串行口、中断系统及一些特殊功能寄存器(SFR)，它们通过内部总线紧密地联系在一起。它的总体结构仍是通用 CPU 加上外围芯片的总线结构，只是在功能部件的控制上与一般微机的通用寄存器加接口寄存器控制不同，CPU 与外设的控制不再分开，采用了特殊功能寄存器集中控制，使用更方便。单片机内部还集成了时钟电路，只需要外接晶振就可形成时钟电路。单片机内部结构如图 1-2 所示。

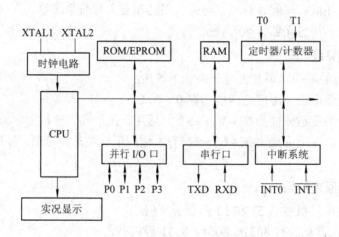

图 1-2　单片机内部结构

7．单片机的存储器

单片机的存储器分为两个部分：程序存储器(ROM)和数据存储器(RAM)。程序存储器又分为片内程序存储器(51 系列单片机 4 KB，52 系列单片机 8 KB)和片外程序存储器(片外寻址最大空间 64 KB)两部分；数据存储器又分为片内数据存储器(51 单片机 128 B，52 系列单片机 256 B)和片外数据存储器(片外地址最大空间 64 KB)两部分。

1) 内部数据存储器低 128 个单元(00H～7FH)

(1) 工作寄存器区(00H～1FH)：分为四组，在任意时刻，CPU 只能选择其中的一组寄存器作为当前寄存器组，具体选择哪一组由程序状态字(Program Status Word，PSW)寄存器中的 RS1 和 RS0 来决定。PSW 格式见表 1-3。

表 1-3　程序状态字(PSW)格式

PSW.7	PSW.6	PSW.5	PSW.4	PSW.3	PSW.2	PSW.1	PSW.0
D7	D6	D5	D4	D3	D2	D1	D0
CY	AC	F0	RS1	RS0	OV	—	P

CY：进/借位标志位。可以由硬件或者软件置位和清零。当运算结果最高位有进位或借位时，则硬件置位 1，CY = 1；反之，CY = 0。

AC：辅助进/借位标志位。当执行加减法时，运算结果的低 4 位向高 4 位有进位或借位时，硬件置位 1，AC = 1；反之，AC = 0。

F0：用户标志位。由用户决定。

RS1 和 RS0：工作寄存器组选择位，见表 1-4。

表 1-4　RS1 和 RS0 的组合关系

RS1	RS0	片内 RAM 地址范围	寄存器组
0	0	00H～07H	0
0	1	08H～0FH	1
1	0	10H～17H	2
1	1	18H～1FH	3

OV：溢出标志位。若溢出，硬件置位 1；反之，置位 0。

P：奇偶标志位。累加器(Accumulator，ACC)中有奇数个 "1"，则 P = 1；反之，为 0。

(2) 位寻址区(片内 RAM 的 20H～2FH 单元)：共有 16 个单元，每个单元既可以以字节访问，又可以对每个单元中的位地址进行访问，每个单元有 8 个位地址，共有 128 个位地址，因此把这个区域称为位寻址区。

51 单片机内部 RAM 位地址范围见表 1-5。

表 1-5　51 单片机内部 RAM 位地址

单元地址	位地址范围
2FH	78H～7FH
2EH	70H～77H
2DH	68H～6FH
2CH	60H～67H
2BH	58H～5FH
2AH	50H～57H
29H	48H～4FH
28H	40H～47H
27H	38H～3FH
26H	30H～37H
25H	28H～2FH
24H	20H～27H
23H	18H～1FH
22H	10H～17H
21H	08H～0FH
20H	00H～07H

(3) 用户数据区(30H～7FH)：共有 80 个单元，是提供给用户使用的，常用做堆栈区。

2) 内部数据存储器高 128 个单元(80H～FFH)

51 单片机共有高 128 个单元。51 单片机有 21 个特殊功能寄存器(SFR)，52 单片机有 26 个 SFR，每个 SFR 都占用一个在此 RAM 区域中的一个单元。51 单片机的 21 个 SFR 离散地分布在片内 RAM 的高 128 个字节单元中，只能采用直接寻址，SFR 中有 11 个带 * 的寄存器，除了可以采用字节寻址外，还可以采用位寻址。51 单片机的特殊功能寄存器(SFR)见表 1-6，带 * 号的可以进行位寻址。

表 1-6 51 单片机特殊功能寄存器(SFR)

寄存器符号	寄存器名称	寄存器地址	寄存器符号	寄存器名称	寄存器地址
*ACC	累加器 A	E0H	*P3	端口 3	B0H
*B	寄存器 B	F0H	*SCON	串行控制寄存器	98H
*PSW	程序状态字	D0H	*TCON	定时/计数控制寄存器	88H
SP	堆栈指针	81H	PCON	电源控制寄存器	87H
DPL	数据指针	82H	SBUF	串行数据缓冲器	99H
DPH	数据指针	83H	TMOD	定时/计数方式寄存器	89H
*IE	中断允许寄存器	A8H	TL0	T0 的低 8 位	8AH
*IP	中断优先级寄存器	B8H	TH0	T0 的高 8 位	8CH
*P0	端口 0	80H	TL1	T1 的低 8 位	8BH
*P1	端口 1	90H	TH1	T1 的高 8 位	8DH
*P2	端口 2	A0H			

8. 单片机最小系统

单片机最小系统由复位电路、晶振电路、电源指示电路及主控芯片组成。

1) 复位电路

复位电路是指使单片机内各寄存器的值变为初始状态的电路。由于程序跑飞或者运行操作失误可能导致死机状态，此时给单片机第 9 引脚的复位引脚两个机器周期的高电平，单片机就开始复位。常见的复位方式有两种：上电自动复位和按键手动复位。按键复位电路如图 1-3 所示。

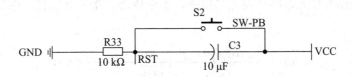

图 1-3 按键复位电路

2) 晶振电路

单片机要想工作，必须有一个标准的时钟信号作为基准，晶振电路(也称时钟振荡电路)就是为单片机提供这种基准的电路，主要由某一频率的晶体配合其他器件构成。晶振电路(时钟电路)的完整周期包括时钟周期、状态周期、机器周期和指令周期4个部分。

时钟周期：又称振荡周期(晶振周期)，是为单片机提供时钟信号的振荡源的周期，是最小的时间单位。

状态周期：一个状态周期是振荡周期的两倍。

机器周期：指令完成一个基本操作所需要的时间，一个机器周期包括12个晶振周期，即6个状态周期。

指令周期：CPU执行一条指令所需要的时间。

例如，单片机外接晶振频率是6 MHz，则单片机的4个周期如下：

晶振周期：$1/6\ \mu s \approx 0.167\ \mu s$

状态周期：$2 \times 1/6\ \mu s \approx 0.333\ \mu s$

机器周期：$12 \times 1/6\ \mu s \approx 2\ \mu s$

同理，可以计算出外接晶振频率是12 MHz、4 MHz时单片机的4个周期。

晶振电路如图1-4所示。

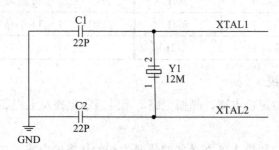

图1-4 晶振电路

3) 电源指示电路

电源指示电路由发光二极管、限流电阻构成。上电后，为了给用户提示上电成功，常常在电源电路里加入限流电阻和发光二极管，上电成功，指示灯点亮。电源指示电路如图1-5所示。

图1-5 电源指示电路

　　通过以上的学习，总结一个完整的单片机最小系统原理，主要包含电源指示电路、晶振电路、复位电路及 51 单片机主控芯片几个部分。电路原理图如图 1-6 所示。

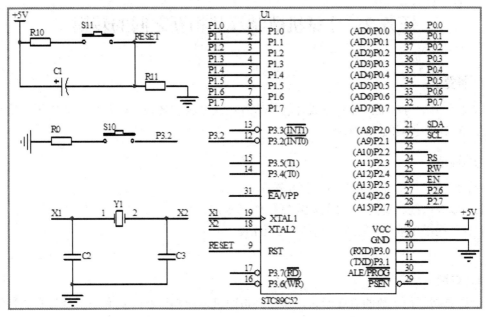

图 1-6　单片机最小系统原理图

任务 2　计算机数制及其相互之间的转换

任务要求：

在本小节学习基础上独立完成任意数值各进制之间的转换，各数值之间原码、反码、补码及 BCD 码之间的相互转换。

学习目标：

(1) 掌握单片机各进制之间的相互转换。

(2) 掌握原码、反码、补码及 BCD 码的基础知识。

(3) 掌握常用数据类型及运算符表示方法。

1. 数制

所谓数制，是指数的表现形式，是一种按照进位原则进行计数利用符号计数的科学表示方法，全称为进位计数制，简称数制。数制有很多种，常用的数制有二进制、八进制、十进制、十六进制 4 种方式。计算机在识别和处理数字信息的时候，常以二进制数表示，例如，真和假、高电平和低电平等。这种方式方便实现，并且数据的存储、传递和处理简单、安全、可靠；二进制数的运算规则简单，使逻辑电路的设计简单化，使计算器具有逻辑性。

1) 二进制数

二进制(Binary)数的基数是 2，它有 0 和 1 两个数。运算规则为逢二进一，权是 2^n(n 为整数)。例如，$\cdots 2^3,\ 2^2,\ 2^1,\ 2^0,\ 2^{-1},\ 2^{-2},\ 2^{-3}\cdots$

例如：二进制数

$$(10110101.11)_2 = 1 \times 2^7 + 0 \times 2^6 + 1 \times 2^5 + 1 \times 2^4 + 0 \times 2^3 + 1 \times 2^2 + 0 \times 2^1 + 1 \times 2^0$$
$$+ 1 \times 2^{-1} + 1 \times 2^{-2}$$
$$= 181.75$$

二进制数的后缀是 B，一般在单片机编程中以一个字节(8 位)为单位，如 10110101B。

2) 十进制数

十进制(Decimal)数的基数是 10，它有 0～9 共 10 个数字(又称数码)，用这 10 个数码可以任意组合十进制的数。运算规则为逢十进一，借一当十，权是 10^n(n 为整数)。例如，$\cdots$

10^3，10^2，10^1，10^0，10^{-1}，10^{-2}，10^{-3}⋯

例如，十进制数 1643.5 可展开如下：

$$1643.5 = 1 \times 10^3 + 6 \times 10^2 + 4 \times 10^1 + 3 \times 10^0 + 5 \times 10^{-1}$$

十进制数的后缀是 D，通常省略。

3) 十六进制数

十六进制(Hexadecimal)数的基数是 16，它有 0~9 以及 A、B、C、D、E、F 共 16 个数字字符，其中 A~F 相当于十进制的 10~15，用这 16 个数码可以任意组合十六进制的数。运算规则为逢十六进一，借一当一十六，权是 16^n(n 为整数)。例如，⋯16^3，16^2，16^1，16^0，16^{-1}，16^{-2}，16^{-3}⋯

例如，十六进制 4E3B.8H 可展开如下：

$$4E3B.8H = 4 \times 16^3 + 14 \times 16^2 + 3 \times 16^1 + 11 \times 16^0 + 8 \times 16^{-1} = 20027.5$$

十六进制数的后缀是 H。

2．数制和数制之间的转换

1) 二进制转换成十进制

规律：小数点左侧整数部分从右往左每四位二进制数为一组来进行分组，整数部分不够四位则直接在高位补 0；小数部分从左往右每四位为一组，不够四位在其低位补 0。把每一组转换成对应的十六进制数码。

例如，

$$(10110101.1)_2 = (B5.8)_{16}。$$

2) 十六进制转换成二进制

规律：本转换是上述二进制转换成十六进制的逆过程，即把每位十六进制数码对应展开成四位二进制数，按照十六进制数制的顺序正常排列即可。

例如，

$$(A4.8)_{16} = (10100100.1)_2。$$

3) 十进制转换成十六进制

规律：先转换成二进制数，再转换成十六进制数，整数采用"除以 16 取余"法，小数采用"乘 16 取整"法。

4) 十进制转换成二进制

规律：整数部分采用"除以 2 取余"法，小数部分采用"乘 2 取整"法。

数制之间的转换见表 1-7 和表 1-8。

表 1-7　十进制、二进制转换表

二进制	十进制	二进制	十进制
0000	0	1000	8
0001	1	1001	9
0010	2	1010	10
0011	3	1011	11
0100	4	1100	12
0101	5	1101	13
0110	6	1110	14
0111	7	1111	15

表 1-8　二进制、十进制、十六进制转换表

二进制	十六进制	十进制	二进制	十六进制	十进制
0000	0	0	1000	8	8
0001	1	1	1001	9	9
0010	2	2	1010	A	10
0011	3	3	1011	B	11
0100	4	4	1100	C	12
0101	5	5	1101	D	13
0110	6	6	1110	E	14
0111	7	7	1111	F	15

3. 机器数

1) 原码

正数的原码与原来的数相同。负数的原码符号位是"1"，数值不变。

2) 反码

正数的反码与原来的数相同。负数的反码符号位是"1"，数值位按位取反。

3) 补码

正数的补码与原来的数相同，负数的补码由它的绝对值求反加 1 后得到，符号位是"1"。

4) BCD 码

BCD 码也称为 8421 码，BCD 码分为两种，压缩 BCD 码和非压缩 BCD 码。压缩 BCD 码是用四位二进制数表示一位十进制数；非压缩 BCD 码是用八位二进制数表示一位十进制数。

单片机 C51 基础知识的介绍见表 1-9、表 1-10 和表 1-11。

表 1-9 数据类型表

关键字	占位数	数据类型	数的范围
unsigned char	8	无符号字符型	0～255
char	8	有符号字符型	−128～127
unsigned int	16	无符号整型	0～65535
int	16	有符号整型	−32768～32767
unsigned long	32	无符号长整型	$0 \sim 2^{32}-1$
long	32	有符号长整型	$-2^{31} \sim 2^{31}-1$
float	32	单精度实型	3.4e−38～3.4e38
double	64	双精度实型	1.7e−308～1.7e308
bit	1	位类型	0～1

表 1-10 运 算 符

关系运算符	含义	算数运算符	含义	位运算符	含义
>	大于	+	加	&	按位与
>=	大于等于	−	减	|	按位或
<	小于	*	乘	^	按位异或
<=	小于等于	/	除（求模）	~	取反
==	测试相等	++	自加	>>	右移
!=	测试不等	−−	自减	<<	左移
&&	与	%	求余		
||	或				
!	非				

表 1-11 C51 中的基础语句

语　句	类　型
While	循环语句
Do-while	循环语句
For	循环语句
If	选择语句
Switch/case	多分支语句

任务 3 Proteus 8 Professional 软件使用

任务要求:

利用 Proteus Professional 软件绘制基于 51 单片机的 16 路流水灯电路原理图,并分析电路基本结构。

学习目标:

(1) 掌握 Proteus 8 Professional 软件基本操作步骤。

(2) 掌握 Proteus 8 Professional 元器件的查找方法。

(3) 掌握基于 51 单片机的 8 路流水灯电路原理图及其实现原理。

Proteus 软件是英国 Lab Center Electronics 公司开发的 EDA 工具软件(该软件中国总代理为广州风标电子技术有限公司),具备其他 EDA 工具软件常见的仿真功能,还能仿真单片机及外围器件。Proteus 是目前比较好的仿真单片机及外围器件的工具,受到单片机爱好者、从事单片机教学的教师、致力于单片机开发应用的科技工作者的青睐。

Proteus 软件操作步骤如下:

(1) 双击桌面软件图标 或从计算机开始菜单调出 Proteus,进入 Proteus 主界面,如图 1-7 所示。

(2) 点击图 1-7 上方"New Project"选项或在软件菜单栏依次单击"File"→"New Project",新建一个工程。在弹出的新建工程对话框中为新工程命名,并选择保存位置,如图 1-8 所示。

(3) 进入画图界面选择界面,如图 1-9 所示。

(4) 进入创建 PCB 文件界面,如图 1-10 所示。

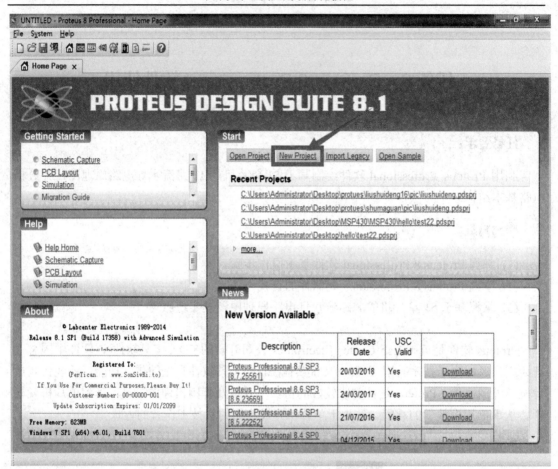

图 1-7　Proteus 主界面

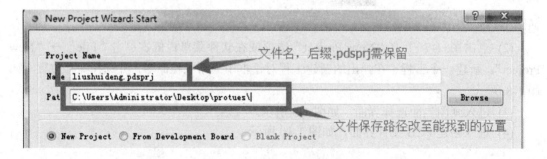

图 1-8　新建工程对话框

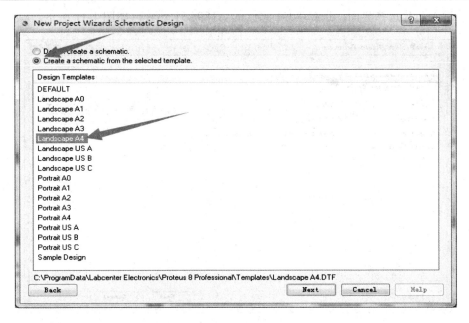

图 1-9　画图界面

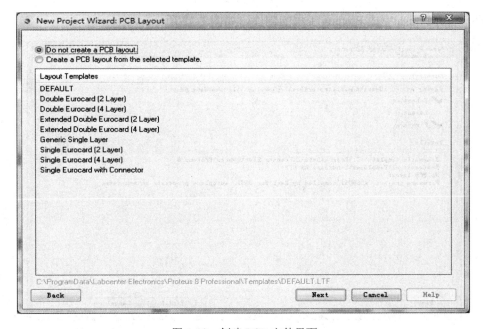

图 1-10　创建 PCB 文件界面

(5) 进入芯片选择界面，选择 8051 家族的 AT89C51 芯片，如图 1-11 所示。

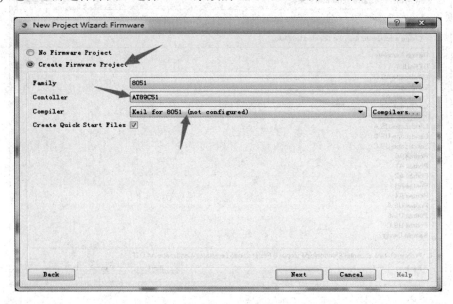

图 1-11　芯片选择界面

(6) 点击 Finish 完成 Proteus 工程的创建，如图 1-12 所示。

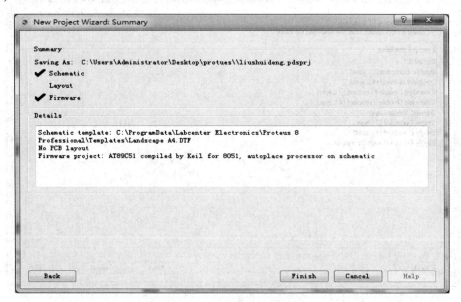

图 1-12　完成工程的创建

(7) 完成 Proteus 工程的创建后自动进入原理图绘制界面，如图 1-13 所示。

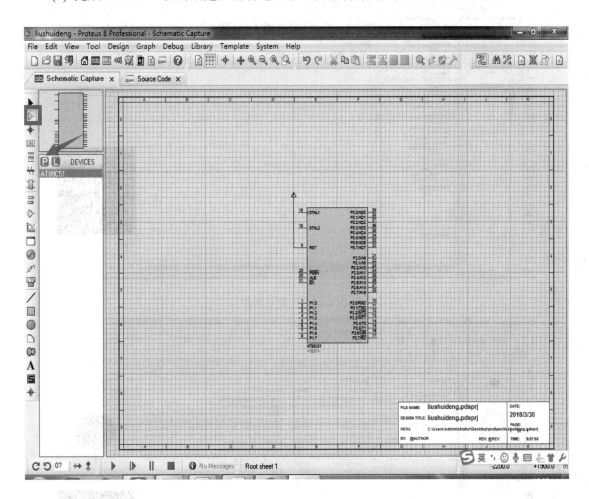

图 1-13 绘制原理图

(8) 单击元器件库标志进入元件搜索界面以搜索元器件，如图 1-14 所示。

(9) 搜索出 51 单片机控制流水灯所需的所有元器件，如图 1-15 所示。

搜索出的元器件有：电阻—RES；电容—CAP；电解电容—CAP-ELEC；发光二极管—LED-RED；晶振—CRYSTAL。

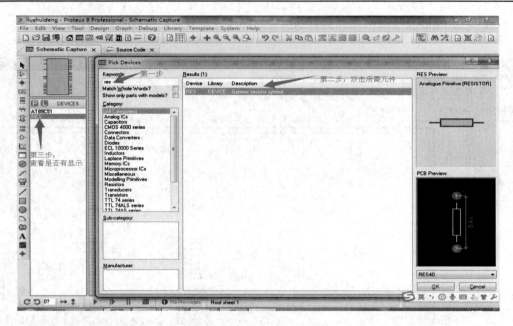

图 1-14　搜索元器件

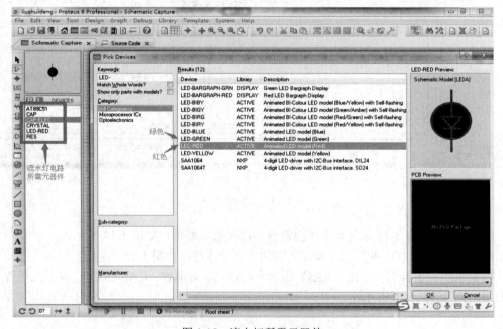

图 1-15　流水灯所需元器件

(10) 所有所需元器件搜索完毕后进行元器件摆放布局，从 TERMINALS Mode 添加电源 POWER 和地 GROUND，如图 1-16 所示。

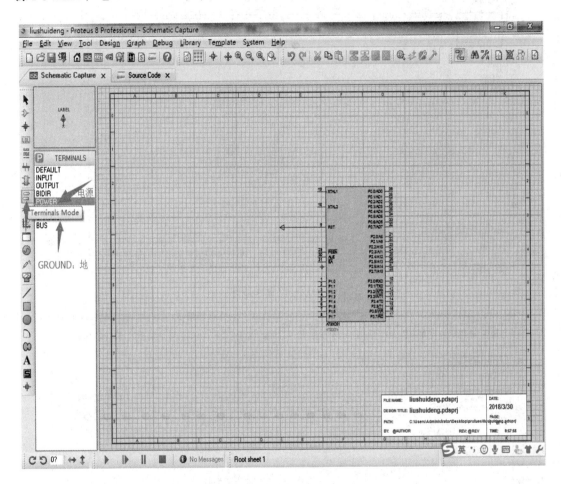

图 1-16　添加电源 POWER 和 GROUND

(11) 进入元器件模式选择元器件，再在编辑环境中单击放置元器件，如图 1-17 所示。

(12) 可利用网络标签模式对应命名需要连接的节点，实现连接属性，如图 1-18 所示。

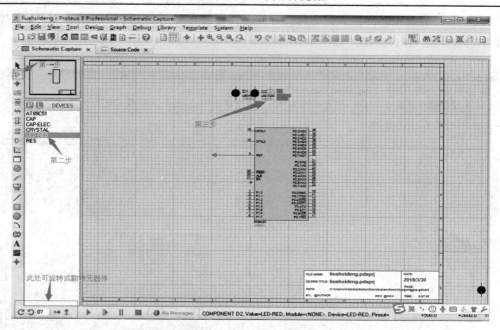

图 1-17　放置元器件

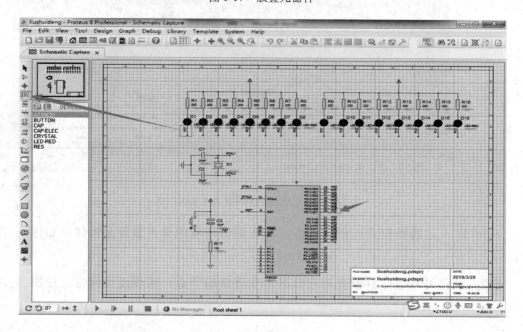

图 1-18　命名节点

(13) 双击 51 单片机添加 Keil 软件编译生成的 .HEX 文件，见图 1-19。

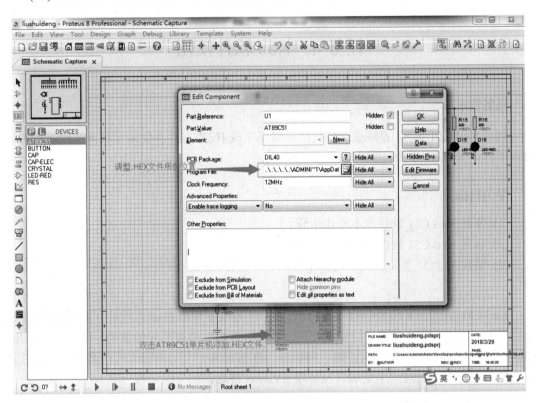

图 1-19 添加.HEX 文件

注意事项：.HEX 文件由 Keil 软件编译生成，具体参见 Keil 软件使用教程最后一步。

任务 4　Keil 软件使用

任务要求：

利用 Keil C51 编写 16 路流水灯代码，编译生成 HEX 文件并烧录至任务 3 绘制的电路原理图内，实现 51 单片机驱动 LED 灯的亮灭。

学习目标：

(1) 掌握 Keil C51 软件基本操作步骤。

(2) 掌握 Keil C51 软件编程规范。

(3) 掌握基于 51 单片机的 8 路流水灯的软件程序流程。

Keil C51 是美国 Keil Software 公司出品的 51 系列单片机 C 语言软件开发系统，与汇编语言相比，C 语言在功能性、结构性、可读性、可维护性上有明显的优势，因而易学易用。Keil 提供了包括 C 编译器、宏汇编、链接器、库管理和一个功能强大的仿真调试器等在内的完整开发方案，通过一个集成开发环境 μVision 将这些部分组合在一起。

Keil 软件操作步骤如下：

(1) 双击桌面软件图标 或在计算机开始菜单中单击 Keil μVision4，进入 Keil μVision4 主界面，如图 1-20 所示。

(2) 在菜单栏 Project 中选择 New μVision Project 选项，新建一个 Keil 工程，如图 1-21 所示。

(3) 为新建工程命名并自定义文件保存路径，如图 1-22 所示。

注意事项：

① 文件保存路径所有文件夹均为英文命名。

② 文件名以 .c 结尾，如 test.c。

(4) 选择设备型号，此处选择 Atmel 公司的 AT89C51 单片机，如图 1-23 所示。

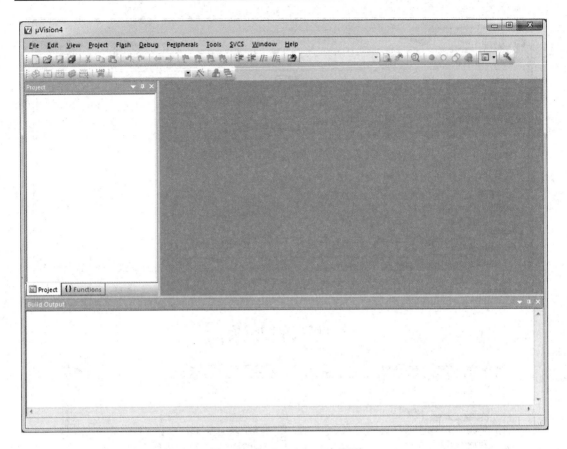

图 1-20　Keil μVision4 主界面

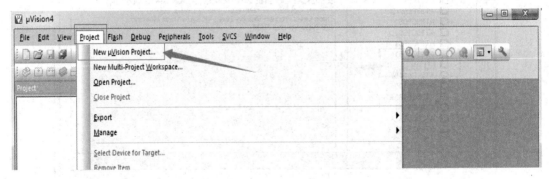

图 1-21　新建一个 Keil 工程

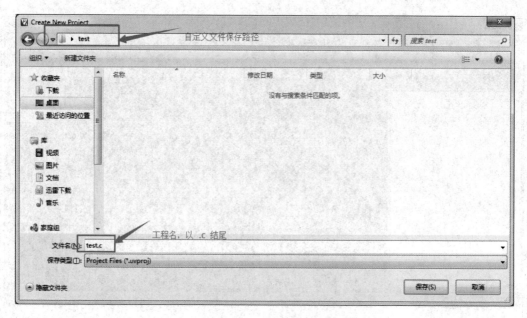

图 1-22　命名并保存

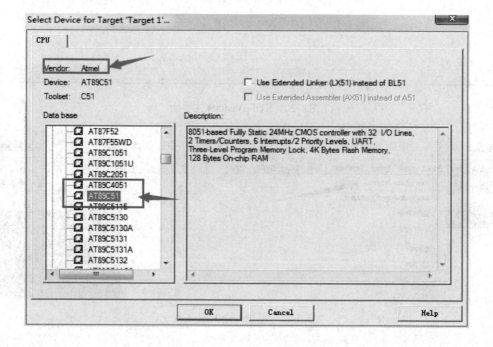

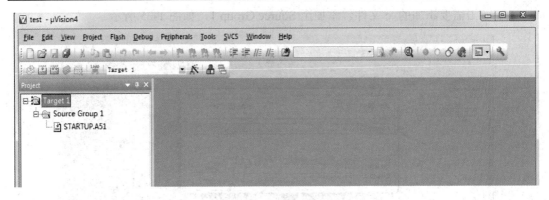

图 1-23 选择设备型号

(5) 添加 .c 文件至工程，右键单击"Source Group 1"，选择"Add File to Group Source 1"选项，如图 1-24 所示。

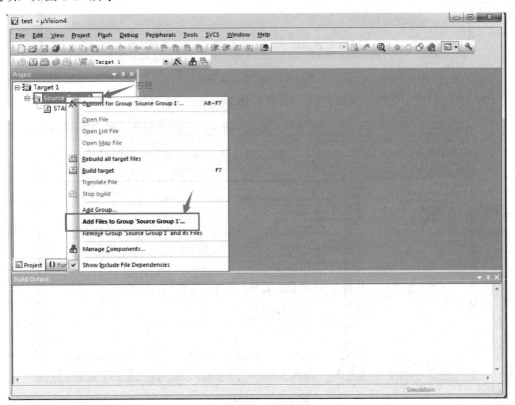

图 1-24 添加 .c 文件 1

(6) 双击需要添加的 .c 文件，添加至 Source Group 1，如图 1-25 所示。

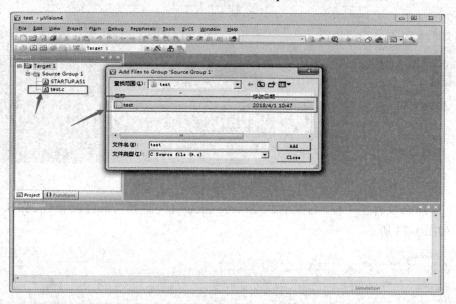

图 1-25　添加 .c 文件 2

(7) 双击选中 .c 文件并编辑代码，如图 1-26 所示。

图 1-26　编辑代码 1

(8) 双击 Options 选项，在 Output 选项卡中勾选 Create HEX File 选项，如图 1-27 所示。

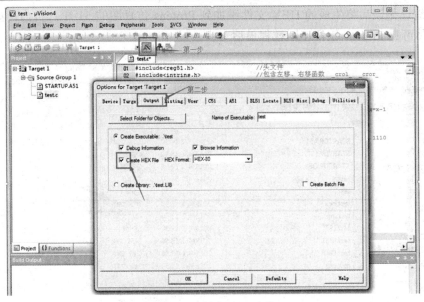

图 1-27　生成 HEX 文件

(9) 检查代码，编译工程，如图 1-28 所示。

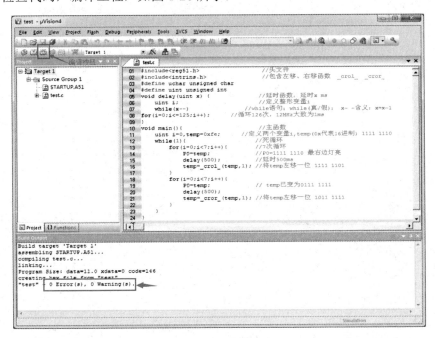

图 1-28　编译工程

(10) 编译无误后将生成的 HEX 文件添加到 Proteus 仿真图的 51 单片机内，如图 1-29 所示。具体可见 Proteus 软件使用教程最后一步。

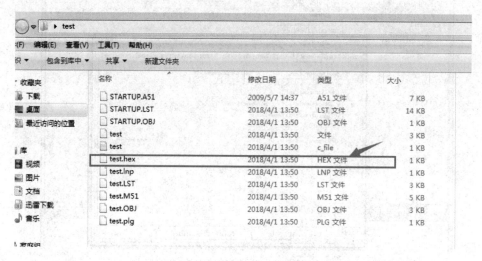

图 1-29　添加 HEX 文件

项目二　单片机 I/O 口应用

📖 教学任务

任务 1：8 路流水灯软件仿真及调试。

任务 2：8 路流水灯两边到中间再到两边特效显示。

任务 3：心形灯设计与仿真。

📖 教学目标

(1) 掌握 Proteus 的元器件查找、放置及电路图绘制方法。

(2) 掌握单片机 I/O 的具体应用方法，了解高低电平的输出含义。

(3) 掌握 Keil 编程方法及编译注意事项。

任务 1　8 路流水灯软件仿真及调试

任务要求：

P0 口 8 路流水灯，在低电平时点亮，编程实现 8 路 LED 灯间隔 500 ms 从左往右流水点亮，再从右往左流水点亮，如此反复。晶振频率为 12 MHz。

学习目标：

(1) 加深十六进制与二进制之间的互换理解。

(2) 掌握左移函数_crol_、右移函数_cror_的使用方法。

(3) 掌握 while 语句及 for 语句的使用方法。

1. 硬件电路设计

所需元件：晶振(CRYSTAL)、电阻(RES)、电容(CAP)、电解电容(CAP-ELEC)、单片机(AT89C51)。LED 灯(LED-RED)，按键开关(Button)。

参考电路如图 2-1 所示。

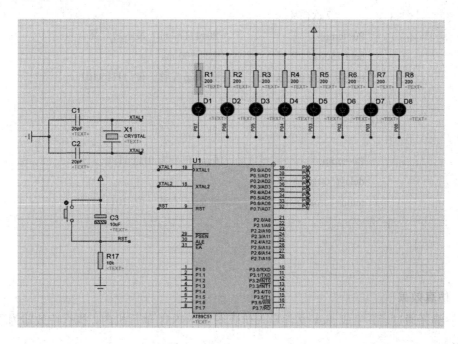

图 2-1　8 路流水灯参考电路

2. 源程序分析

```
#include<reg51.h>                    //头文件
#include<intrins.h>                  //包含左移函数 _crol_、右移函数 _cror_
#define uchar unsigned char
#define uint unsigned int
void delay(uint x)
{                       //延时函数，延时 x ms
    uint i;                          //定义整型变量 i
    while(x--)                       // while 语句；while(真/假)； x--含义：x=x-1
    for(i=0; i<=125; i++);           //循环 126 次，12 MHz 大致为 1ms
}
void main()
{                       //主函数
    uint i=0, temp=0xfe;             //定义两个变量 i, temp(0x 代表十六进制) 1111 1110
    while(1){                        //死循环
        for(i=0; i<7; i++)
        {               //7 次循环
            P0=temp;                 // P0=1111 1110 最右边灯亮
            delay(500);              //延时 500 ms
            temp=_crol_(temp, 1);    //将 temp 左移一位 1111 1101
        }
        for(i=0; i<7; i++)
        {
            P0=temp;                 // temp 已变为 0111 1111
            delay(500);
            temp=_cror_(temp, 1);    //将 temp 右移一位 1011 1111
        }
    }
}
```

3. 仿真效果

程序编译通过后，生成 .hex 文件导入仿真图 AT89S51 单片机内，执行特效即为项目所需特效。

效果：P0 口 8 路流水灯，在低电平时点亮，8 路 LED 灯间隔 500 ms 从左往右流水点亮，再从右往左流水点亮，如此反复。晶振频率为 12 MHz。

仿真效果图如图 2-2 所示。

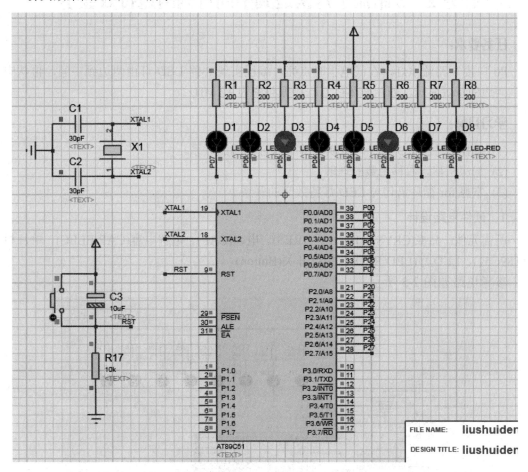

图 2-2　仿真效果图

4．随堂练习

实现 8 路流水灯特效显示，显示效果为：8 路 LED 灯先间隔 500 ms 依次左移流水点亮，间隔 500 ms 执行四次全灭全亮特效，再间隔 500 ms 依次右移流水点亮。

任务 2　8 路流水灯两边到中间再到两边特效显示

任务要求：

P0 口接 8 路流水灯，在低电平时点亮，编程实现 8 路 LED 灯由两边到中间，再从中间到两边的特效显示，如此循环往复。晶振频率为 12 MHz。

学习目标：

(1) 掌握单片机 I/O 与代码所赋值的十六进制间的联系。

(2) 加深左移、右移函数的理解。

(3) 掌握 for 循环语句与 LED 灯特效间的联系。

1. 硬件电路设计

所需元件：晶振(CRYSTAL)、电阻(RES)、电容(CAP)、电解电容(CAP-ELEC)、单片机 (AT89C51)、LED 灯(LED-RED)、按键开关(Button)。

参考电路如图 2-3 所示。

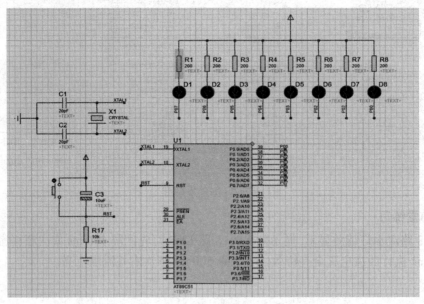

图 2-3　8 路流水灯参考电路

2．源程序分析

```
/*    8 路流水灯两边到中间，再由中间到两边点亮代码    */
#include<reg51.h>                        //头文件
#include<intrins.h>                      //包含左移函数_crol_、右移函数 _cror_
#define uchar unsigned char
#define uint unsigned int
void delay(uint x)
{                                        //延时函数，延时 x ms
    uint i;                              //定义整型变量 i
    while(x--)                           // while 语句；while(真/假)；  x--含义：x=x-1
    for(i=0; i<=125; i++);               //循环 126 次，12 MHz 大致为 1 ms
}
void main()
{                                        //主函数
    uint i=0, left=0x7f, right=0xfe;
    //定义三个变量 i, left:0111 1111    right:1111 1110
    while(1)
    {                                    //死循环
    for(i=0; i<7; i++)
    {                                    // 7 次循环
        P0=left & right;                 //结果为 0111 1110
        //将 left 和 right 的值按位与操作后赋值给 P0 口
        delay(500);                      //延时 500 ms
        left=_cror_(left, 1);            //将 left 右移一位 1011 1111
        right=_crol_(right, 1);          //将 right 左移一位 1111 1101
        }
    }
}
```

3．仿真效果

程序编译通过后，生成 .hex 文件导入仿真图 AT89S51 单片机内，执行特效即为项目所需特效。

效果： P0 口 8 路流水灯，在低电平时点亮，8 路 LED 灯间隔 500 ms 先从两边到中间依次点亮，再从中间到两边依次流水点亮，如此反复。

仿真效果图如图 2-4 所示。

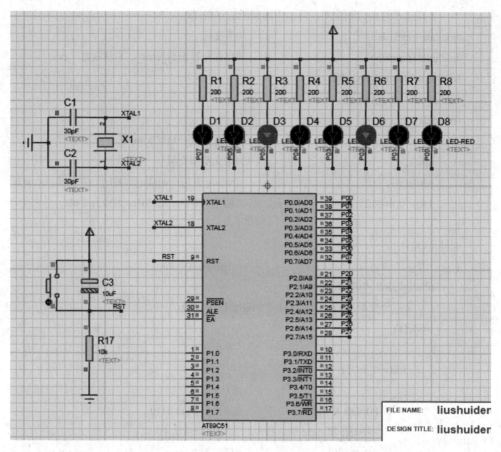

图 2-4　仿真效果图

4．随堂练习

实现 16 路流水灯特效显示，显示效果为：16 路 LED 灯先间隔 200 ms 依次左移流水点亮，再间隔 500 ms 依次右移流水点亮，接着实现两边到中间，中间到两边依次点亮，最后亮灭两次的特效显示。

任务 3 心形灯设计与仿真

任务要求：

单片机 4 组 I/O 口全部接 LED 灯，摆成心形样式，在低电平时点亮，编程实现 32 路 LED 灯特效显示，如此循环往复。

学习目标：

(1) 掌握单片机 I/O 与代码所赋值的十六进制间的联系。

(2) 加深左移、右移函数的理解。

(3) 掌握 for 循环语句与 LED 灯特效间的联系。

1. 电硬件电路设计

所需元件：晶振(CRYSTAL)、电阻(RES)、电容(CAP)、电解电容(CAP-ELEC)、单片机 (AT89C51)、LED 灯(LED-RED)、按键开关(Button)。

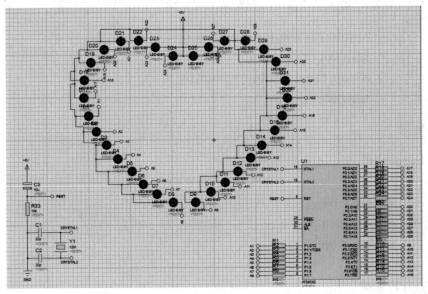

图 2-5 心形灯参考电路

2．源程序分析

```c
#include <REG51.H>
#define    uint   unsigned int
#define    uchar unsigned char
uchar code table0[]={0xfe, 0xfd, 0xfb, 0xf7, 0xef, 0xdf, 0xbf, 0x7f};    // LED 从低位往高位移
uchar code table1[]={0x7f, 0xbf, 0xdf, 0xef, 0xf7, 0xfb, 0xfd, 0xfe};    // LED 从高位往低位移
uchar i, j;                        //定义循环变量
uint tt=70;                        //定义时间指数
void delay(uint time)
{    //延时函数
    uint x, y;
    for(x=time; x>0; x--)
    for(y=110; y>0; y--)
}
void disp0()
{                                  //状态 0 所有 LED 灯闪烁 3 次
    for(i=0; i<3; i++)
    {
        P0=0x00; P2=0x00; P3=0x00; P1=0x00;
        delay(300);
        P0=0xff; P2=0xff; P3=0xff; P1=0xff;
        delay(300);
    }
}
void disp1()
{                                  //状态 1 LED 灯顺时针转一圈
    for(i=0; i<8; i++){
        P2=table1[i];
        delay(100);
    }
    P1=0xff;
    for(i=0; i<8; i++){
        P0=table0[i];
```

```
            delay(100);
        }
        P0=0xff;
    }
    void disp3(){                    //状态 3 两个 LED 灯自上而下移动(循环 5 次)
        for(j=0; j<5; j++){
            for(i=0; i<8; i++){
                P0=table1[i];
                P2=table1[i];
                delay(tt);
            }
            P0=0xff; P2=0xff;
            for(i=0; i<8; i++){
                P1=table0[i];
                P3=table1[i];
                delay(tt);
            }
            P1=0xff; P3=0xff;
            tt=tt-10;
        }
    }
    void main(){
        while(1){
    disp3();            //状态 3 两个 LED 灯自上而下移动(循环 5 次,且频率渐快,到最快时持续循环
16 次,然后循环 5 次频率再逐渐降低)
            disp0();            //状态 0 所有 LED 灯闪烁 3 次
            disp1();            //状态 1 LED 灯顺时针转一圈
        }
    }
```

3. 仿真效果

程序编译通过后,生成 .hex 文件导入仿真图 AT89S51 单片机内,执行特效即为项目所需特效。

效果:心形灯总共将显示三种特效,分别为两个 LED 灯自上而下移动(循环 5 次,

且频率渐快),然后所有 LED 灯闪烁 3 次后顺时针旋转一圈。

仿真效果图如图 2-6 所示。

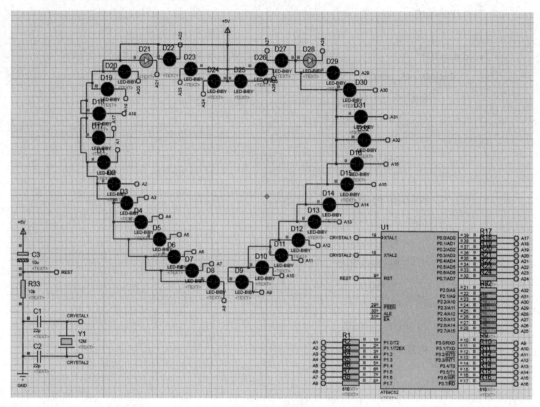

图 2-6　仿真效果图

4．随堂练习

拓展更多心形灯特效,实现 32 路灯循环闪亮、依次熄灭、对角闪亮、对角熄灭、间隔闪亮、间隔熄灭等多种功能。

项目三　单片机驱动数码管应用

教学任务

任务 1：数码管原理及电路分析。

任务 2：单个数码管显示例程。

任务 3：四位一体数码管显示数字。

任务 4：数码管动态显示案例分析。

任务 5：数码管和 LED 综合应用。

教学目标

(1) 掌握数码管内部结构及工作原理，共阴极和共阳极数码管的区别与联系。

(2) 掌握单片机驱动单个数码管的显示原理，C 语言数组知识点的应用。

(3) 掌握四位一体数码管的驱动方法，利用余辉效应实现数码管动态显示案例。

(4) 结合项目二单片机驱动 LED 的知识实现数码管与 LED 灯的综合应用。

任务1　数码管原理及电路分析

任务要求：

在本小节学习基础上简述 7 段数码管内部结构及基本工作原理。

学习目标：

(1) 掌握数码管内部结构。

(2) 掌握共阴极及共阳极接法的区别与联系。

(3) 掌握数码管共阴极及共阳极两种接法 0～9 对应的二进制码。

在单片机系统中，常常用 LED 数码管显示器来显示各种数字或符号。由于它具有显示清晰、亮度高、使用电压低、寿命长的特点，因此使用非常广泛。

引言：还记得我们小时候玩的"火柴棒游戏"吗，几根火柴棒组合起来，能拼成各种各样的图形，LED 数码管显示器实际上也是这个原理，如图 3-1 所示。

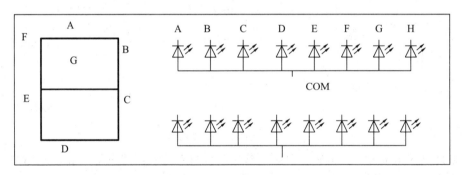

图 3-1　单片机静态显示接口

八段 LED 数码管显示器由 8 个发光二极管组成，其中 7 个长条形的发光管排列成"日"字形，另一个圆点形的发光管在数码管显示器的右下角作为显示小数点用，它能显示各种数字及部分英文字母。LED 数码管显示器有两种形式：一种是 8 个发光二极管的阳极都连在一起，称之为共阳极 LED 数码管显示器；另一种是 8 个发光二极管的阴极都连在一起，称之为共阴极 LED 数码管显示器，如图 3-2 所示。

共阴和共阳结构的 LED 数码管显示器各笔画段名和安排位置是相同的。当二极管导通时，对应的笔画段发亮，由发亮的笔画段组合而显示出各种字符。8 个笔画段 hgfedcba 对应于一个字节(8 位)的 D7 D6 D5 D4 D3 D2 D1 D0，于是用 8 位二进制码就能表示欲显示字符的字形代码。例如，对于共阴 LED 数码管显示器，当公共阴极接地(为零电平)，而阳极 hgfedcba 各段为 01110011 时，数码管显示器显示"P"字符，即对于共阴极 LED 数码管显示器，"P"字符的字形码是 73H。如果是共阳 LED 数码管显示器，公共阳极接高电平，显示"P"字符的字形代码应为 10001100(8CH)。

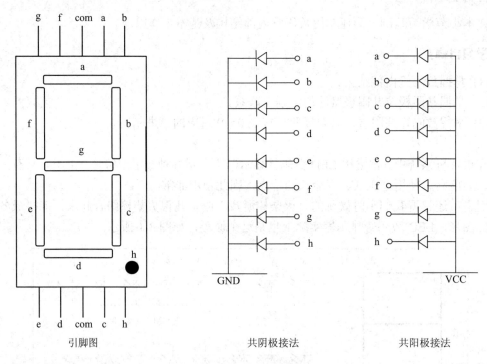

图 3-2　LED 数码管显示器

在单片机应用系统中，数码管显示器常用两种显示方式：静态显示和动态扫描显示。所谓静态显示，就是每一个数码管显示器都要占用单独的具有锁存功能的 I/O 接口用于笔画段字形代码。这样单片机只要把要显示的字形代码发送到接口电路，就不用管它了，直到要显示新的数据时，再发送新的字形码，因此，使用这种方式的单片机中 CPU 的开销小。

任务 2　单个数码管显示例程

任务要求：

制作在数码管上显示字符的单片机控制系统，实现显示数字 0～9 及字符 A、B、C、D、E、F 的功能。

学习目标：

(1) 掌握单片机查表程序的设计方法。

(2) 掌握单片机数码管显示接口电路的工作原理及其应用。

(3) 掌握单片机驱动数码管程序设计方法。

1．硬件电路设计

所需元件：晶振(CRYSTAL)、电阻(RES)、电容(CAP)、电解电容(CAP-ELEC)、单片机(AT89C51)、LED 灯(LED-RED)、数码管(7-SEG*)。

参考电路如图 3-3 所示。

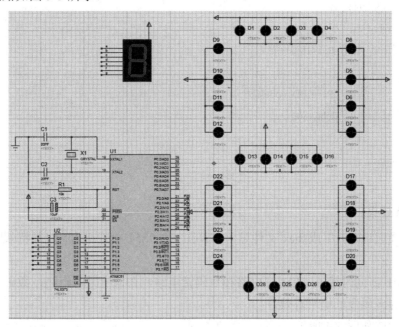

图 3-3　单个数码管参考电路

2．源程序分析

```
#include<reg51.h>
#define uchar unsigned char
#define uint unsigned int
uchar code LED_code[16]={0xc0, 0xf9, 0xa4, 0xb0, 0x99, 0x92, 0x82, 0xf8, 0x80, 0x90};
 //数码管码段，共阳极：0-9
void delay(uint x)
{
    uchar t;
    while(x--)for(t=0; t<125; t++);
}
void main()
{
    uchar i;
    while(1)
    {
        for(i=0; i<10; i++)
        {
            P1=LED_code[i];
            delay(800);
        }
    }
}
```

3．仿真效果

程序编译通过后，生成 .hex 文件导入仿真图 AT89S51 单片机内，执行特效即为项目所需特效。

效果：P1 口同时接了 LED 灯电路和数码管电路，在低电平时点亮，数码管采用共阳极接法，即对应码段低电平有效。

仿真效果图如图 3-4 所示。

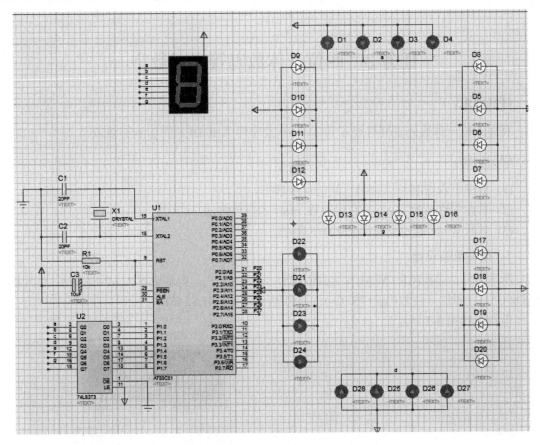

图 3-4　仿真效果图

4．随堂练习

实现数码管和 LED 灯先顺序显示数字 0～9 及字母 ABCDEF 再倒序显示的特效。

任务 3　四位一体数码管显示数字

任务要求：

利用四位一体数码管同时显示数字 0～9 及字母 ABCDEF 的功能特效。

学习目标：

(1) 加深十六进制与二进制之间的互换理解。

(2) 掌握左移函数_crol_、右移函数_cror_的使用方法。

(3) 掌握 while 语句及 for 语句的使用方法。

1. 硬件电路设计

所需元件：晶振(CRYSTAL)、电阻(RES)、电容(CAP)、电解电容(CAP-ELEC)、单片机(AT89C51)、四位一体数码管(7SEG-)、片选/段选芯片(74LS245)。

电路图如图 3-5 所示。

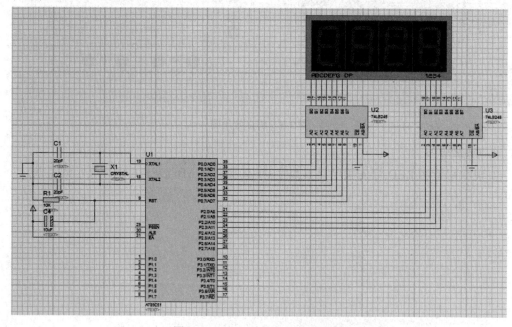

图 3-5　四位一体数码管参考电路

2．源程序分析

```c
/* 设计一个四位一体数码管显示数字的特效电路。 */
#include<reg51.h>              //预处理命令，51单片机头文件
#define uchar unsigned char    //预处理命令，重命名
#define uint unsigned int
sbit Gate1=P2^0;
sbit Gate2=P2^1;
sbit Gate3=P2^2;
sbit Gate4=P2^3;
uchar LED_CODE[16]={0xc0, 0xf9, 0xa4, 0xb0, 0x99, 0x92, 0x82, 0xf8,
0x80, 0x90, 0x88, 0x83, 0xa7, 0xa1, 0x86};   //定义数组，保存数码管字段
//延时函数
void delay(uint x)
{
    uint i;
    while(x--)for(i=0; i<125; i++);
}
void main()
{
    uint i;
    while(1){
        for(i=0; i<10; i++)
        {
            P0=LED_CODE[i];         //依次给P0赋值数组内七段数码管码段的值
            Gate1=1; Gate2=1; Gate3=1; Gate4=1;
            delay(500);
        }

    }
}
```

3．仿真效果

程序编译通过后，生成 .hex 文件导入仿真图 AT89S51 单片机内，执行特效即为项目所需特效。

效果：P0 口控制四位一体数码管的码段，P2 口的四个端口控制四位一体数码管的位选。仿真效果图如图 3-6 所示。

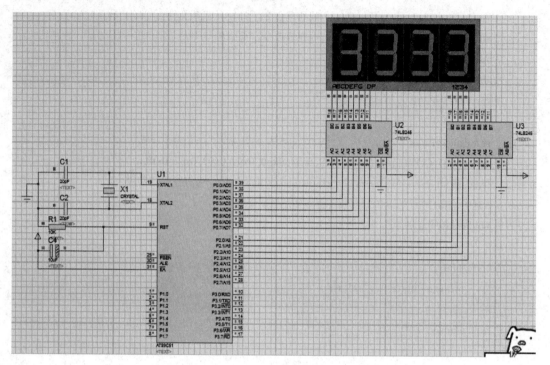

图 3-6　仿真效果图

4．随堂练习

在任务 3 基础上利用剩余 I/O 口搭建两组四位一体数码管，一组特效从 0～9 显示的同时另一组从 9～0 特效显示。

任务 4　数码管动态显示案例分析

任务要求：

利用四位一体数码管动态显示数字 0～99 的计数器实现。

学习目标：

(1) 掌握单片机 I/O 与代码所赋值的十六进制间的联系。

(2) 加深左移、右移函数的理解。

(3) 掌握 for 循环语句与数码管特效间的联系。

工作原理：

动态显示驱动：数码管动态显示接口是单片机中应用最为广泛的显示方式之一，动态驱动是将所有数码管的 8 个显示笔画 "a, b, c, d, e, f, g, dp" 的同名端连在一起，另外为每个数码管的公共极 COM 增加位选通控制电路，位选通由各自独立的 I/O 线控制。当单片机输出字形码时，所有数码管都接收到相同的字形码，但究竟是哪个数码管会显示出字形，取决于单片机对位选通 COM 端电路的控制，所以我们只要将需要显示的数码管的选通控制打开，该位就显示出字形，没有选通的数码管就不会亮。通过分时轮流控制各个数码管 COM 端，就使各个数码管轮流受控显示，这就是动态驱动。在轮流显示过程中，每位数码管的点亮时间为 1～2 ms，由于人的视觉暂留现象及发光二极管的余辉效应，尽管实际上各位数码管并非同时点亮，但只要扫描的速度足够快，给人的印象就是一组稳定的显示数据，不会有闪烁感，因此动态显示的效果和静态显示是一样的，能够节省大量的 I/O 端口，而且功耗更低。

1. 硬件电路设计

所需元件：晶振(CRYSTAL)、电阻(RES)、电容(CAP)、电解电容(CAP-ELEC)、单片机(AT89C51)。四位一体数码管(7SEG-)、片选/段选芯片(74LS245)。

参考电路如图 3-7 所示。

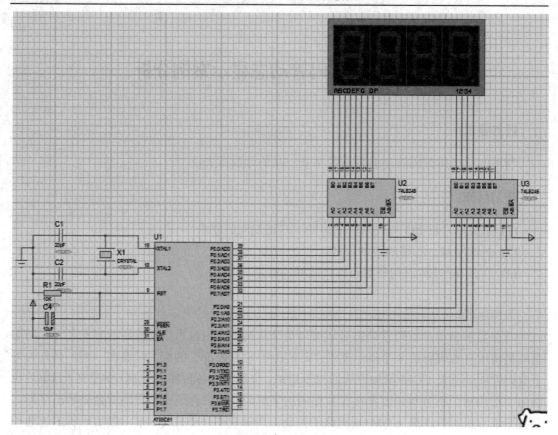

图 3-7　数码管动态显示案例参考电路

2. 源程序分析

```
#include<reg52.h>
#define uchar unsigned char        //预处理命令，重命名
#define uint unsigned int
#define dm_data P0
sbit g1=P2^0;
sbit g2=P2^1;
sbit g3=P2^2;
sbit g4=P2^3;
uchar table[16]={0xc0, 0xf9, 0xa4, 0xb0, 0x99, 0x92, 0x82, 0xf8, 0x80, 0x90};    //定义数组，保存数
                                                                                  码管字段
```

```c
void delay(){
    uint i=20;
    while(i--);
}
void display(uint num)
{           //将十进制数 data1 显示出来
    P2=0x04;        //0000 0100, 选择十位 0.7 0.6 0.5 0.4 0.3(个位)0.2(十位)0.1(百位)0.0(千位)
    P0=table[num/10];       //计算出十位的值并显示
    delay();
    P0=0xff;
    P2=0x00;            //关闭十位数码管

    P2=0x08;            // 0000 1000 选择个位数码管
    P0=table[num%10];       //计算出个位的值并显示
    delay();            //延时
    P0=0xff;            //消影
    P2=0x00;            //关闭数码管
}
void main()
{
    uint i, j;
    while(1){
        for(i=0; i<100; i++){   //循环显示 0-99
            j=300;
            while(j--){
                display(i);
            }
        }
    }
}
```

3. 仿真效果

程序编译通过后，生成 .hex 文件导入仿真图 AT89S51 单片机内，执行特效即为项目所需特效。

效果：P0 口控制四位一体数码管的码段，P2 口的四个端口控制四位一体数码管的位选。仿真效果图如图 3-8 所示。

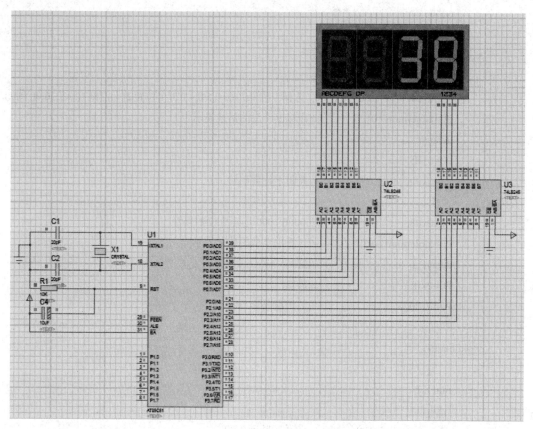

图 3-8　仿真效果图

4. 随堂练习

在此任务的基础上拓展为 0～9999 的计数器特效显示。

任务 5 数码管和 LED 综合应用

任务要求：

利用数码管来显示 LED 灯的特效种类。LED 特效 1：全亮全灭；特效 2：左移右移；特效 3：中间到两边再两边到中间。每种特效建立一个子函数。

学习目标：

(1) 掌握单片机 I/O 与代码所赋值的十六进制间的联系。

(2) 加深左移、右移函数的理解。

(3) 掌握 for 循环语句与数码管特效间的联系。

1. 硬件电路设计

所需元件：晶振(CRYSTAL)、电阻(RES)、电容(CAP)、电解电容(CAP-ELEC)、单片机(AT89C51)、LED 灯(LED-RED)、锁存器(74LS373)、七段数码管(7SEG-)。

参考电路如图 3-9 所示。

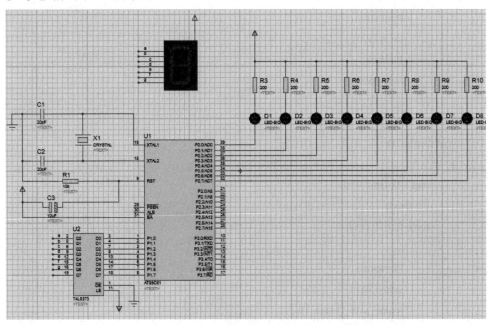

图 3-9 数码管和 LED 综合应用参考电路

2．源程序分析

```c
#include<reg51.h>
#include<intrins.h>
#define uchar unsigned char
#define uint unsigned int
void delay(uint x)
{
    uint i;
    while(x--)for(i=0; i<125; i++);
}
void display1()
{
    uint i=0;
    P1=0xf9;
    for(i=0; i<4; i++)
    {
        P0=0x00;
        delay(500);
        P0=0xff;
        delay(500);
    }
}
void display2()
{
    uint i=0, temp=0xfe; ;
    P1=0xa4;
    for(i=0; i<7; i++)
    {
        P0=temp;
        delay(500);
        temp=_crol_(temp, 1);
    }
    for(i=0; i<8; i++)
```

```
    {
            P0=temp;
            delay(500);
            temp=_cror_(temp, 1);
        }
    }
void display3()
{
        uint m=0xfe, n=0x7f, i=0;
        P1=0xb0;
        for(i=0; i<8; i++)
        {
            P0=m&n;
            delay(500);
            m=_crol_(m, 1);
            n=_cror_(n, 1);
        }
}
void main()
{
        uint temp=0xfe;
        uint m=0xfe, n=0x7f, i=0;
        while(1){
            display1();
            display2();
            display3();
        }
}
```

3. 仿真效果

程序编译通过后，生成 .hex 文件导入仿真图 AT89S51 单片机内，执行特效即为项目所需特效。

效果：利用数码管来显示 LED 灯的特效种类。LED 特效 1：全亮全灭；特效 2：左移右移；特效 3：中间到两边再两边到中间。每种特效分别对应一个子函数 display1()；

display2(); display3();

仿真效果图如图 3-10 所示。

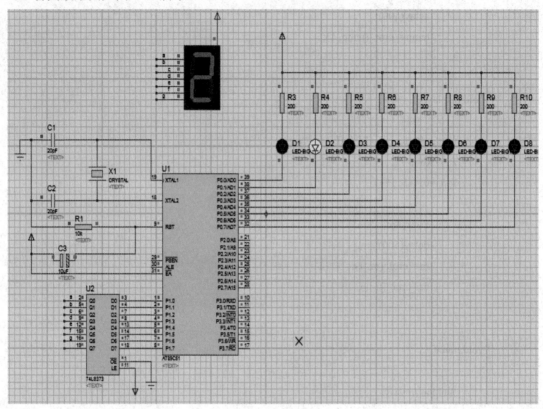

图 3-10 仿真效果图

4. 随堂练习

在此任务的基础上添加第四个特效，LED 灯二进制加一的特效显示。

项目四　键盘及接口技术

📖 教学任务

任务 1：按键工作原理及电路设计。

任务 2：按键控制流水灯特效显示。

任务 3：电子门铃程序设计。

任务 4：数码管显示矩阵键值。

📖 教学目标

(1) 掌握按键工作原理，按键抖动的原因及其消抖方式。

(2) 掌握单片机矩阵键盘电路的绘制方法。

(3) 掌握独立按键控制 LED 流水灯仿真电路的实现方法。

(4) 掌握数码管和矩阵键盘的综合应用，矩阵键盘的扫描原理及程序实现流程。

任务 1　按键工作原理及电路设计

任务要求：

在本小节学习基础上简述矩阵键盘的工作原理及延时消抖方式。

学习目标：

(1) 掌握按键引脚结构。

(2) 掌握延时消抖的原因及消抖方式。

(3) 掌握矩阵键盘扫描原理。

1. 按键分类与输入原理

按键按照结构原理可分为两类：一类是触点式开关按键、如机械式开关、导电橡胶式开关等；另一类是无触点式开关按键，如电气式按键、磁感应按键等。前者造价低，后者寿命长。目前，微机系统中最常见的是触点式开关按键。

在单片机应用系统中，除了复位按键有专门的复位电路及专一的复位功能外，其他按键都是以开关状态来设置控制功能或输入数据的。当所设置的功能键或数字键按下时，计算机应用系统应完成该按键所设定的功能，键信息输入是与软件结构密切相关的。

对于一组按键或一个键盘，总有一个接口电路与 CPU 相连。CPU 可以采用查询或中断方式来了解有无将按键输入，并检查是哪一个按键按下，将该键号送入累加器，然后通过跳转指令转入执行该键的功能程序，执行完成后再返回主程序。

2. 按键结构与特点

微机键盘通常使用机械触点式按键开关, 其主要功能是把机械上的通断转换为电气上的逻辑关系。也就是说，它能提供标准的 TTL 逻辑电平，以便与通用数字系统的逻辑电平相容。机械式按键在按下或释放时，由于机械弹性作用的影响，通常伴随有一定的时间触点机械抖动，然后其触点才稳定下来。抖动过程如图 4-1 所示，抖动时间的长短与开关的机械特性有关，一般为 5～10 ms。在触

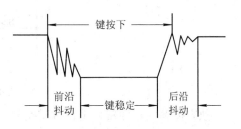

图 4-1　按键触点机械抖动

点抖动期间检测按键的通与断，可能导致判断出错，即按下或释放按键一次错误地认为是多次操作，这种情况是不允许出现的。为了避免按键触点机械抖动所致的检测误判，必须

采取消抖措施。按键较少时，可采用硬件消抖；按键较多时，采用软件消抖。

1) 按键编码

一组按键或键盘都要通过 I/O 口线查询按键的开关状态。根据键盘结构的不同，采用不同的编码。无论有无编码，以及采用什么编码，最后都要转换成为与累加器中数值相对应的键值，以实现按键功能程序的跳转。

2) 键盘程序

一个完整的键盘控制程序应具备以下功能：

(1) 检测有无按键按下，并采取硬件或软件措施消抖。

(2) 有可靠的逻辑处理办法。每次只处理一个按键，期间对任何按键的操作对系统不产生影响，且无论按键时间有多长，系统仅执行一次按键功能程序。

(3) 准确输出按键值(或键号)，以满足跳转指令要求。

3. 独立按键与矩阵键盘

1) 独立按键

在单片机控制系统中，如果只需要几个功能键，此时，可采用独立按键。

独立按键是直接用 I/O 口线构成的单个按键电路，其特点是每个按键单独占用一根 I/O 口线，每个按键的工作不会影响其他 I/O 口线的状态。独立按键电路配置灵活，软件结构简单，但每个按键必须占用一个 I/O 口线，因此，在按键较多时，I/O 口线浪费较大，不宜采用。独立按键如图 4-2 所示。

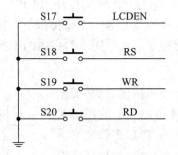

图 4-2　独立键盘

独立按键的软件常采用查询式结构。先逐位查询每一个 I/O 口线的输入状态，如某一根 I/O 口线输入为低电平，则可确认该 I/O 口线所对应的按键已按下，然后再转向该键的功能处理程序。

2) 矩阵键盘

在单片机系统中，若使用按键较多，如电子密码锁、电话机键盘等，一般至少有 12 到

16 个按键，通常采用矩阵键盘。

矩阵键盘又称行列键盘，它是用四条 I/O 线作为行线、四条 I/O 线作为列线组成的键盘，在行线和列线的每个交叉点上设置一个按键，这样键盘上按键的个数就为 4×4 个。这种行列式键盘结构能有效地提高单片机系统中 I/O 口的利用率。

(1) 矩阵键盘的工作原理。

最常见的键盘布局如图 4-3 所示。矩阵键盘一般由 16 个按键组成，在单片机中正好可以用一个 P 口实现 16 个按键功能，这也是单片机系统中最常用的形式。

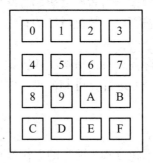

图 4-3 矩阵键盘布局图

4×4 矩阵键盘的内部电路如图 4-4 所示。

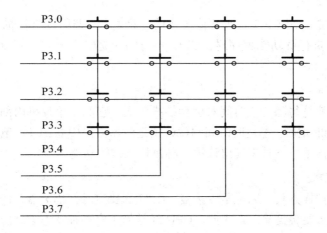

图 4-4 矩阵键盘内部电路图

当无按键闭合时，P3.0～P3.3 与 P3.4～P3.7 之间开路。当有键闭合时，与闭合键相连的两条 I/O 口线之间短路。判断有无按键按下的方法是：第一步，置列线 P3.4～P3.7 为输入状态，从行线 P3.0～P3.3 输出低电平，读入列线数据，若某一列线为低电平，则该列线上有键闭合。第二步，行线轮流输出低电平，从列线 P3.4～P3.7 读入数据，若有某一列为低电平，则对应行线上有键按下。综合一二两步的结果，可确定按键编号。但是键闭合一次只能进行一次键功能操作，因此需等到按键释放后，再进行键功能操作，否则按一次键，有可能会连续多次进行同样的键操作。

(2) 键盘识别方法。

识别按键的方法很多，其中最常见的方法是扫描法。

按键按下时，与此键相连的行线与列线导通，行线在无按键按下时处于高电平。如果所有的列线都处于高电平，则按键按下与否不会引起行线电平的变化，因此必须使所有列线处于低电平。这样，当有按键按下时，按键所在的行电平才会由高变低，才能判断相应的行有键按下。

独立按键数量少，可根据实际需要灵活编码。矩阵键盘，按键的位置由行号和列号唯一确定，因此可以分别对行号和列号进行二进制编码，然后两值合成一个字节，高 4 位是行号，低 4 位是列号。

4. 键盘的工作方式

对键盘的响应取决于键盘的工作方式，键盘的工作方式应根据实际应用系统中的 CPU 的工作状况而定，其选取的原则是既要保证 CPU 能及时响应按键操作，又不要过多占用 CPU 的工作时间。通常键盘的工作方式有三种，编程扫描、定时扫描和中断扫描。

1) 编程扫描方式

编程扫描方式是利用 CPU 完成其他工作的空余时间，调用键盘扫描子程序来响应键盘输入的要求。在执行键功能程序时，CPU 不再响应键输入要求，直到 CPU 重新扫描键盘为止。

2) 定时扫描方式

定时扫描方式就是每隔一段时间对键盘扫描一次，它利用单片机内部的定时器产生一定时间(例如 10 ms)的定时，当定时时间到就产生定时器溢出中断。CPU 响应中断后对键盘进行扫描，并在有按键按下时识别出该键，再执行该键的功能程序。

3) 中断扫描方式

上述两种键盘扫描方式，无论是否按键，CPU 都要定时扫描键盘，而单片机应用系统工作时，并非经常需要键盘输入，因此，CPU 经常处于空扫描状态。

为提高 CPU 工作效率，可采用中断扫描工作方式。其工作过程如下：当无按键按下时，CPU 处理自己的工作；当有按键按下时，产生中断请求，CPU 转去执行键盘扫描子程序，并识别键号。

任务 2　按键控制流水灯特效显示

任务要求：

通过按键来控制流水灯的特效显示，按键 S1～S8 分别连接单片机的 P3.0～P3.7 接口，八路流水灯连接 P0 接口，按下按键 S1 实现八路流水灯亮灭的功能，按下按键 S2 实现八路流水灯左移的特效。

学习目标：

(1) 掌握利用 if 语句实现判断按键是否按下从而选择相关特效的方法。

(2) 掌握 C 语言子函数的调用方法。

(3) 掌握按键延时消抖的代码实现。

1．硬件电路设计

所需元件：晶振(CRYSTAL)、电阻(RES)、电容(CAP)、电解电容(CAP-ELEC)、单片机(AT89C51)、LED 灯(LED-Blue)、按键(BUTTON)。

参考电路如图 4-5 所示。

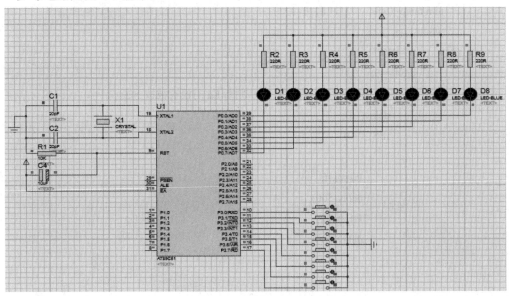

图 4-5　按键控制参考电路

2. 源程序分析

```c
/*设计按键控制流水灯电路，两个按键 S1，S2 分别接在单片机 P3.0 和 P3.1 接口。 */
#include<reg51.h>
#include<intrins.h>
#define uchar unsigned char
#define uint unsigned int
sbit S1=P3^0;                    // P3.0 接口连接按键 S1
sbit S2=P3^1;                    // P3.1 接口连接按键 S2

void delay(uint x)
{
    uint i;
    while(x--)for(i=0; i<125; i++);
}


void main()
{
    uint temp=0xfe;    //1111 1110
    while(1){
        P0=0XFF;                 //全灭
        if(S1==0)
        {                        //判断 K1 有没有被按下去
            delay(10);           //延时消抖
            if(S1==0)
            {
                P0=0xff;         //全灭
                delay(500);
                P0=0x00;         //全亮
                delay(500);
            }
        }
        if(S2==0)
        {
```

```
        delay(10);
        if(S2==0){
            P0=temp;                    // 0xfe
            delay(500);
            temp=_crol_(temp, 1);       //将 temp 的值左移一位赋值给 temp
        }
    }
}
}
```

3. 仿真效果

程序编译通过后，生成 .hex 文件导入仿真图 AT89S51 单片机内，执行特效即为项目所需特效。

效果： 按下按键 S1，P0 接口对应的 8 个流水灯亮灭交替显示；按下按键 S2，P0 接口对应的 8 个流水灯实现左移依次显示的特效。

仿真效果图如图 4-6、4-7 所示。

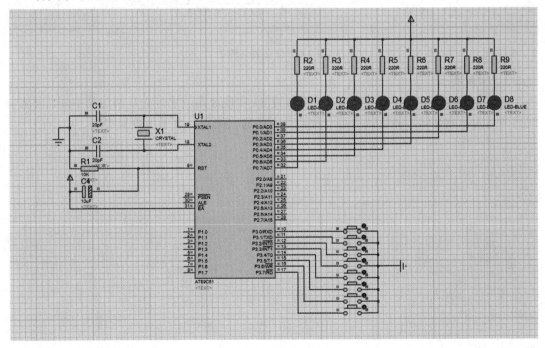

图 4-6 仿真效果图 1

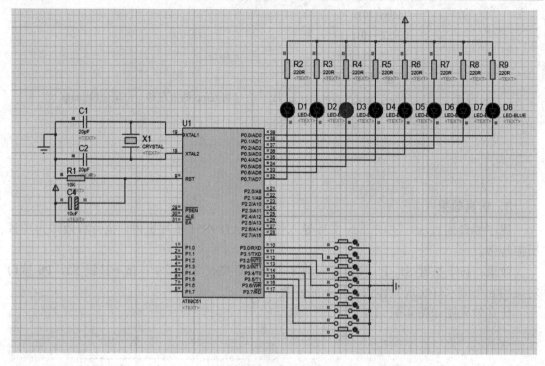

图 4-6　仿真效果图 2

4．随堂练习

在此任务基础上进行相关拓展，按下按键 S3 实现 8 路流水灯先从两边到中间，再从中间到两边的特效显示，并尝试将每一种特效对应的代码用一个子函数来实现。

任务 3　电子门铃程序设计

任务要求：

按下门铃开关，则门铃响起。P1.0 接口连接按键开关，P3.0 接口连接扬声器 SOUNDER。

学习目标：

(1) 掌握 51 单片机对按键开关的应用方法。

(2) 掌握单片机驱动扬声器的基础知识。

(3) 掌握 while 语句及 for 语句的使用方法。

1. 硬件电路设计

所需元件：晶振(CRYSTAL)、电阻(RES)、电容(CAP)、电解电容(CAP-ELEC)、单片机 (AT89C51)、喇叭(SOUNDER)。

参考电路如图 4-8 所示。

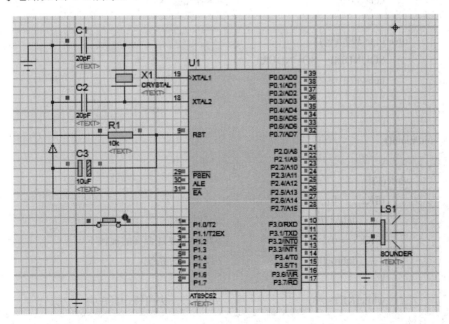

图 4-8　电子门铃参考电路

2. 源程序分析

```c
#include<reg51.h>
#define uchar unsigned char
#define uint unsigned int
sbit SOUNDER=P3^0;              //定义端口
sbit KEY=P1^0;
void delay(uint x)
{          //定义延时函数
    uchar t;
    while(x--)for(t=0; t<125; t++);
}
void doorbell()
{       //电子门铃函数
    uint i;
    for(i=0; i<300; i++){              // P3.0 接扬声器接口高低电平依次取反操作
        SOUNDER=~SOUNDER;      //取反
        delay(10);                     //门铃响声的频率快慢
    }
    for(i=0; i<300; i++){
        SOUNDER=~SOUNDER;
        delay(7);
    }
}
void main()
{
    while(1){
        if(KEY==0)
            delay(10);               //延时消抖
        if(KEY==0){                   //判断按键是否真的被按下
            doorbell();               //调用门铃系统
        }
        while(KEY==0);               //放置按下去门铃一直在响
    }
}
```

3. 仿真效果

程序编译通过后，生成 .hex 文件导入仿真图 AT89S51 单片机内，执行特效即为项目所需特效。

效果：按下按键 KEY，则门铃先以较慢频率响一段时间后再以较快频率发出响声，然后静音。

4. 随堂练习

在此任务功能基础上硬件部分外加 8 个灯，按下门铃后 8 个 LED 灯能呈现不同特效显示。

任务4　数码管显示矩阵键值

任务要求：

矩阵键盘与数码管的综合应用，矩阵键盘按键后数码管对应显示 0～9 和 A、B、C、D、E、F。

学习目标：

(1) 掌握矩阵键盘扫描原理。

(2) 加深对数码管应用的理解。

(3) 掌握 C 语言函数调用的实现方法。

1．硬件电路设计

所需元器件：晶振(CRYSTAL)、电阻(RES)、电容(CAP)、电解电容(CAP-ELEC)、单片机(AT89C51)、数码管(7SEG)、按键(BUTTON)、排阻(RES8PACK)。

参考电路如图 4-9 所示。

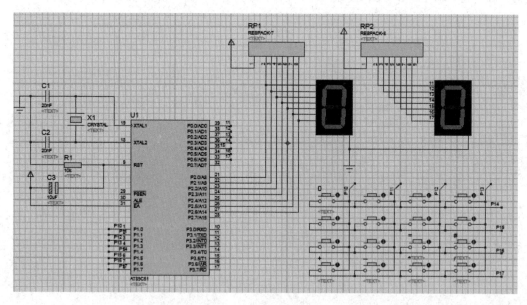

图 4-9　数码管显示矩阵键值案例参考电路

2．源程序分析

```c
#include<reg52.h>
#include<intrins.h>
#define uchar unsigned char
#define uint unsigned int
uchar num=0;
uchar table[]={0x3f, 0x06, 0x5b, 0x4f, 0x66, 0x6d, 0x7d, 0x07, 0x7f, 0x6f};
void delay(uint x)
{
    uchar t;
    while(x--)for(t=0; t<125; t++);
}
void keyscan()
{
    uchar temp, m;
                    //1.7    1.6   1.5   1.4   1.3    1.2    1.1     1.0
    P1=0X0F;    // 0     0     0     0     1      1      1       1 假设按下按键1
    delay(2);   //  0000 1101
    temp=P1^0X0F;   //此时 P1.1 接口强制变成 0，P1 变为 00001101，temp=00000010 =2
    switch(temp){
        case 8:m=3;  break;
        case 4:m=2;  break;       //第二列有按键被按下
        case 2:m=1;  break;       //m=1 含义为第一列有按键被按下去  1 5 9 D
        case 1:m=0;  break;       //第零列有按键被按下
        default: return;
    }
    P1=0XF0;        //1      1      1      1      0      0      0      0
    delay(2);   //1   1    1 0    0     0     0      0
    temp=(P1>>4)^0X0F;          //因为 1 还被按下，所以强制性 P1=1110 0000
//P1>>4 后的值为 0000 1110  再跟 0x0F 做异或得到 temp=0000 0001=1
    switch(temp){
        case 8:m+=12;  break;
        case 4:m+=8;   break;
```

```
                case 2:m+=4;   break;        //第二行有按键被按下
                case 1:m+=0;   break;        //第一行有按键被按下
                default: return;
            }
        num=m;
    }
    void main()
    {
        while(1){
            keyscan();
            switch(num){    //switch 语言的应用
                case 0:P2=table[0];
                    P0=table[0];
                    break;
                case 1:P2=table[0];
                    P0=table[1];
                    break;
                case 2:P2=table[0];
                        P0=table[2];
                        break;
                case 3:P2=table[0];
                        P0=table[3];
                        break;
                case 4:P2=table[0];
                        P0=table[4];
                        break;
                case 5:P2=table[0];
                        P0=table[5];
                        break;
                case 6:P2=table[0];
                        P0=table[6];
                            break;
                case 7:P2=table[0];
```

```
                    P0=table[7];
                 break;
        case 8:P2=table[0];
                    P0=table[8];
                 break;
        case 9:P2=table[0];
                    P0=table[9];
                 break;
        case 10:P2=table[1];
                    P0=table[0];
                  break;
        case 11:P2=table[1];
                    P0=table[1];
                 break;
        case 12:P2=table[1];
                    P0=table[2];
                 break;
        case 13:P2=table[1];
                    P0=table[3];
                 break;
        case 14:P2=table[1];
                    P0=table[4];
                 break;
        case 15:P2=table[1];
                    P0=table[5];
                 break;
            }
        }
    }
```

3. 仿真效果

程序编译通过后，生成 .hex 文件导入仿真图 AT89S51 单片机内，执行特效即为项目所需特效。

效果： 按下矩阵键盘按键，则两个数码管显示矩阵键盘对应的值。

仿真效果图如图 4-10 所示。

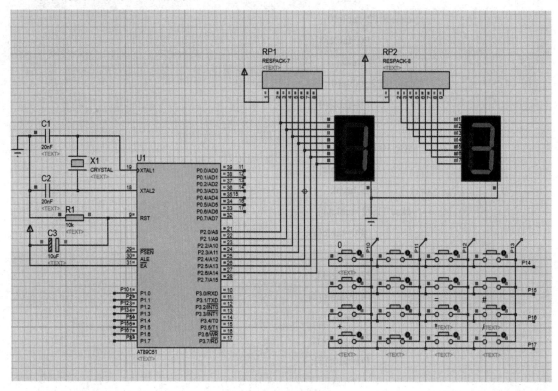

图 4-10　仿真效果图

4．随堂练习

在此任务功能基础上实现 10 以内加法功能，数码管 1 显示加号前的值，数码管 2 显示加号后的值，按下等于号后两个数码管同时显示加法结果。

项目五　中断控制系统

📖 教学任务

任务 1：中断系统结构及原理。

任务 2：外部中断 0 的应用。

任务 3：外部中断 1 的应用。

任务 4：单级中断案例仿真。

任务 5：两级中断嵌套。

任务 6：两级中断嵌套案例仿真。

任务 7：基于 51 单片机的车间计件器的设计。

📖 教学目标

(1) 掌握中断控制系统的结构及原理。

(2) 掌握中断允许寄存器的结构及赋值原理。

(3) 掌握中断优先级寄存器的应用方法。

(4) 掌握外部中断 0 和外部中断 1 的具体实现方法及两级中断嵌套的控制方法。

(5) 利用中断知识掌握实际生活中车间计件器的工作原理及设计思路。

任务 1　中断系统结构及原理

任务要求：

在本小节学习基础上简述中断的含义及 51 单片机中断类型。

学习目标：

(1) 掌握中断的基础知识。

(2) 掌握中断脉冲触发及电平触发两种触发方式。

(3) 掌握中断优先级及其应用。

中断的过程：对于单片机来说，中断是指 CPU 在处理某一事件 A 时，发生了另一事件 B 请求 CPU 立刻去处理(中断发生)；CPU 暂时停止当前的工作(中断响应)，转而去处理事件 B(中断服务)，待 CPU 处理完事件 B 后，再回到原来事件 A 被中断的地方继续处理事件 A(中断返回)。

① 中断过程有如下三个重要指标：5 个中断源都有一个中断入口地址，当某个中断源产生中断时，CPU 响应中断并到相应的中断入口地址执行中断服务程序。

② 中断的嵌套与优先级处理。

③ 中断的响应过程。

1．中断的系统结构

外部中断请求源：INT0、INT1。

外部中断 0(INT0)由外部引脚 P3.2 引入，外部中断 1(INT1)由外部引脚 P3.3 引入。

内部中断请求源：T0、T1、串口中断。

2．程序定义方式

定义中断函数的一般形式：

　　　　void 函数名() interrupt 中断序号 using 寄存器工作组

如果中断函数中调用了其他函数，则被调用函数所使用的寄存器组必须与中断函数相同。中断函数不能参数传递，没有返回值，不能直接被调用。

中断源及其优先级见表 5-1、5-2。

表 5-1 中 断 序 号

中断序号	中断源	中断向量(8n+3)
0	外部中断 0	0003H
1	定时器 0	000BH
2	外部中断 1	0013H
3	定时器 1	001BH
4	串行口	0023H

表 5-2 中断优先级

中断源	默认中断级别	中断函数 C 语言中的序号
INT0——外部中断 0	最高	0
T0——定时/计数器 0 中断	第 2	1
INT1——外部中断 1	第 3	2
T1——定时/计数器 1 中断	第 4	3
T1/R1 串行口中断	第 5	4
T2——定时/计数器 2 中断(52 独有)	最低	5

3. 中断系统寄存器

TCON：低 4 位给外部中断请求源使用，高 4 位给内部中断请求源定时器 T0、T1 使用。

位序	D7	D6	D5	D4	D3	D2	D1	D0
位名称	TF1	TR1	TF0	TR0	IE1	IT1	IE0	IT0

外部请求源：

IT0：INT0 触发方式控制位，可由软件进行置位和复位。IT0 = 0 时，INT0 为低电平触发方式。IT0 = 1 时，INT0 为负跳变触发方式。

IE0：INT0 中断请求标志位。当有外部的中断请求时，该位置 1(这由硬件来完成)，在 CPU 响应中断后，由硬件将 IE0 清 0。

IT1、IE1 的用途和 IT0、IE0 相似。

内部请求源：

TF0：定时/计数器 T0 溢出中断标记，当 T0 产生溢出时，TF0 置位。当 CPU 响应中断后，硬件将 TF0 复位。

　　TR0：T0 的开闭控制位，TR0 = 1 时定时计数器打开，TR0 = 0 时定时计数器关闭。

　　TF1、TR1 与 TF0、TR0 相似。

　　SCON：低 2 位与串口中断相关。

位序	D7	D6	D5	D4	D3	D2	D1	D0
位名称	—	—	—	—	—	—	T1	R1

　　TI、RI：串行口发送、接收中断。

　　IE：中断允许寄存器。

位序	D7	D6	D5	D4	D3	D2	D1	D0
位名称	EA	—	—	ES	ET1	EX1	ET0	EX0

　　EA：中断总控制位。EA = 1，CPU 开放所有中断；EA = 0，CPU 禁止所有中断。

　　ES：串行口中断控制位。ES = 1，允许串行口中断；ES = 0，屏蔽串行口中断。

　　ET1：定时/计数器 TI 中断控制位。ET1 = 1，允许 T1 中断；ET1 = 0，禁止 T1 中断。

　　EX1：外部中断 1 中断控制位。EX1 = 1，允许外部中断 1 中断；EX1 = 0，禁止外部中断 1 中断。

　　ET0：定时/计数器 T0 中断控制位。ET0 = 1，允许 T0 中断；ET0 = 0，禁止 T0 中断。

　　EX0：外部中断 0 中断控制位。EX0 = 1，允许外部中断 0 中断；EX0 = 0，禁止外部中断 0 断。

　　IP：中断优先级寄存器。

位序	D7	D6	D5	D4	D3	D2	D1	D0
位名称	—	—	—	PS	PT1	PX1	PT0	PX0

　　在该寄存器中，优先级分为 1 和 0 两级，对应的位置为 1 则为高优先级，置为 0 则为低优先级。执行时先将高优先级的中断执行完后才会执行低优先级(同等优先级情况下，按默认优先级排序)。

　　PS：串行口中断优先级控制位。

　　PT1：定时器 1 优先级控制位。

　　PX1：外部中断 1 优先级控制位。

　　PT0：定时器 0 优先级控制位。

　　PX0：外部中断 0 优先级控制位。

补充：外部中断的触发方式选择。

1) 电平触发方式(低电平触发)

CPU 在每个机器周期采样得到外部中断输入线的电平。在中断服务程序返回之前，外部中断请求输入必须无效(即变为高电平)，否则 CPU 返回主程序后会再次响应中断。

这种方式适用于外中断以低电平输入且中断服务程序能清除外部中断请求(即外部中断输入电平又变为高电平)的情况。

2) 跳沿触发方式

连续两次采样，一个机器周期采样到外部中断输入为高电平，下一个机器周期采样为低电平，则中断请求标志位置 1，直到 CPU 响应此中断时，该标志才清 0。这样不会丢失中断，但输入的负脉冲宽度至少保持一个机器周期。

任务 2　外部中断 0 的应用

任务要求：

51 单片机的外部中断 0 引脚接一只按键，该按键通过上拉电阻连接电源，没有按键发生时单片机检测到的是高电平，当按键按下时单片机检测到的是低电平。单片机的 P0.0 引脚以灌电流的方式连接一只 LED，当按键按下时 LED 灯呈从左到右流水效果，没按键时 LED 灯呈闪烁效果。

学习目标：

(1) 掌握中断的工作原理。
(2) 掌握中断的应用及与硬件电路的联系。
(3) 掌握中断函数的定义及软件程序设计流程。

1．硬件电路设计

所需元件：晶振(CRYSTAL)、电阻(RES)、电容(CAP)、电解电容(CAP-ELEC)、单片机 (AT89C51)、LED 灯(LED-RED)、按键开关(Button)。

参考电路如图 5-1 所示。

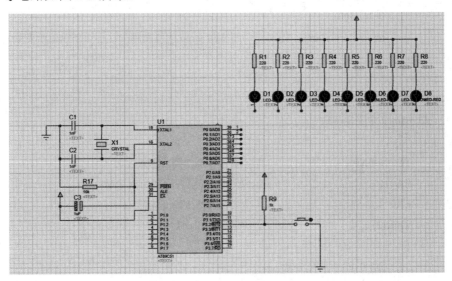

图 5-1　外部中断 0 参考电路

2. 源程序分析

```
#include<reg51.h>                //调用头文件
#include<intrins.h>              //调用头文件，此头文件包含了左移右移函数的定义
#define uchar unsigned char      //定义数据类型
#define uint unsigned int        //定义数据类型
uint i=0, temp=0xfe;             //定义变量并且进行赋值

void delay(uint x)               //定义延时函数
{
    uchar t;                     //定义字符型局部变量 t
    while(x--)for(t=0; t<125; t++);  //定义延时函数的延时时间
}

void intt0()interrupt 0//外部中断 0 的中断函数
{
    for(i=0; i<8; i++)
    {
        P0=temp;                 //将变量的值赋给 P0 口的寄存器。
        delay(500);
        temp=_crol_(temp, 1);    //将变量 temp 的值左移一次再重新赋值给变量 temp
    }
}

void main()//定义主函数
{
    TCON=0X01;                   //设置外部中断 0 的触发方式
    EA=1;                        //使能端置 1，开放所有中断
    EX0=1;                       //允许外部中断 0 中断
    while(1)                     //定义 while 循环
    {
        P0=0x00; //点亮 Led
        delay(500);
        P0=0xff; //熄灭 Led
```

```
        delay(500);                //实现 Led 的闪烁。
    }
}
```

3. 仿真效果

仿真效果图如图 5-2 所示。

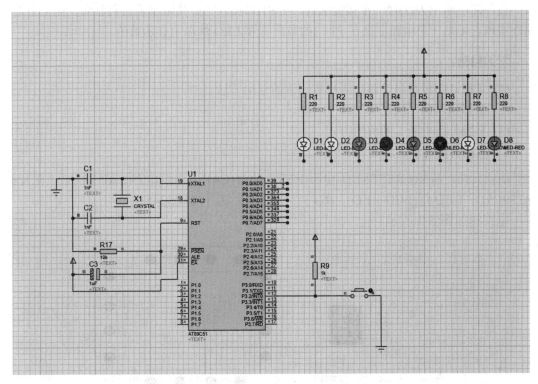

图 5-2 仿真效果图

效果：当按下一次按键的时候，8 位 LED 灯将会呈现一个从右到左的流水灯显示效果；当没有按键按下的时候，LED 灯将进行闪烁显示。

任务 3　外部中断 1 的应用

任务要求：

在外部中断 1(P3.3)接一个按键 Key，在 P1 口接入一个共阳极的数码管和一组 Led 灯，编程实现，每来一个中断，接在 P1 口的数码管和 LED 灯加 1 显示数值。

学习目标：

(1) 掌握共阳极数码管和共阴极数码管的使用方法。

(2) 掌握原理图导线连接的编号功能。

(3) 掌握外部中断 1 的使用方式。

1. 硬件电路设计

所需元件：晶振(CRYSTAL)、电阻(RES)、电容(CAP)、电解电容(CAP-ELEC)、单片机(AT89C51)、LED 灯(LED-RED)、数码管(7SEG)、芯片(74LS245)。

电路图如图 5-3 所示。

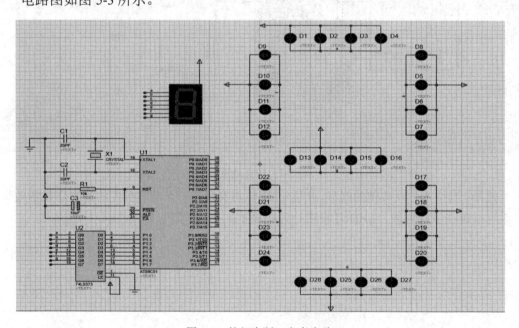

图 5-3　外部中断 1 参考电路

2. 源程序分析

```c
#include<reg51.h>//调用头文件
#define uchar unsigned char          //定义变量类型
#define uint unsigned int            //定义变量类型
uint i;                              //定义全局变量 i 并默认赋值 0
uchar code LED_code[]={0xc0, 0xf9, 0xa4, 0xb0, 0x99,
                       0x92, 0x82, 0xf8, 0x80, 0x90};    //共阳段码的设置
void delay(uint x)                   //定义延时函数
{
    uchar t;                         //定义局部变量 t 并默认赋值 0
    while(x--)for(t=0; t<125; t++);  //定义延时函数延时时间
}
void intt1() interrupt 2             //外部中断 1 中断函数
{
    i++;                             //变量 i 的值自加 1 并重新赋值到变量 i
    if(i==10)                        //如果 i=10，则执行 if 函数，若不等于 0，则退出 if 函数
    {
        i=0; //将变量 i 置 0
    }
}


void main()//定义主函数
{
    EA=1;                            //使能端置 1，打开所有中断的总允许位
    EX1=1;                           //允许外部中断 1 中断
    IT1=1;                           //外部中断 1 的触发方式
    while(1)                         //设置 while 循环函数
    {
        P1=LED_code[i];              //将数组中对应的段码发送到 P1 口
        delay(800);
    }
}
```

3．仿真效果

程序编译通过后，生成 .hex 文件导入仿真图 AT89S51 单片机内，执行特效即为项目所需特效。

效果：数码管和 Led 显示的数字是同步的，并且每按一次按键，数码管和 Led 的数值都将自动加 1。

仿真效果图如图 5-4 所示。

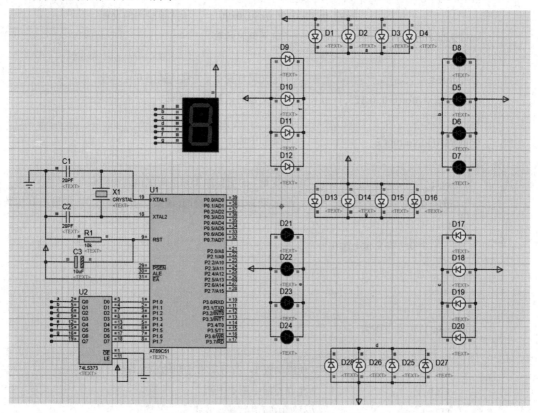

图 5-4　仿真效果图

4．随堂练习

在此任务基础上特效更改为触发中断后，数码管特效变为 1、3、5、7、9 显示，在 0、2、4、6、8 的特效显示。

任务4　单级中断案例仿真

任务要求：

外部中断 0 口外接一个脉冲触发按键 key，每来一个脉冲信号，接在 P1 口的 8 只 LED 灯高低四位相隔约 0.5 s 闪烁一次，然后 8 只 LED 灯每隔 0.3 s 闪烁 5 次。如此循环往复。晶振频率为 12 MHz。

学习目标：

(1) 掌握 for 循环语句与 LED 灯特效间的联系。

(2) 掌握延时程序延时时间的设置。

(3) 熟练编写程序的技巧。

1．硬件电路设计

所需元器件：晶振(CRYSTAL)、电阻(RES)、电容(CAP)、电解电容(CAP-ELEC)、单片机(AT89C51)、LED 灯(LED-RED)、按键开关(Button)。

参考电路如图 5-5 所示。

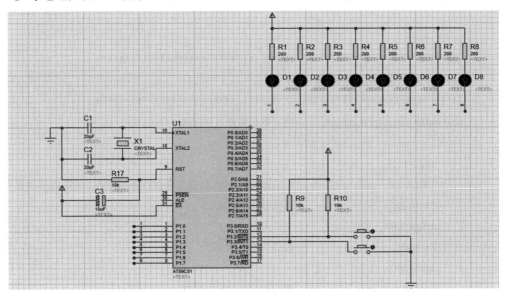

图 5-5　单级中断案例参考电路

2. 源程序分析

```
#include<reg51.h>              //调用头文件
#define uchar unsigned char    //定义变量类型
#define uint unsigned int      //定义变量类型
void delay(uint x)             //定义延时函数
{
    uchar t;                   //定义局部变量 t
    while(x--)for(t=0; t<125; t++);   //定义延时函数的延时时间
}
void main()            //定义主函数
{
    EA=1;              //使能端置 1，打开所有中断请求入口
    EX0=1;             //打开外部中断 0，使外部中断 0 的请求信号能够发给单片机
    IT0=1;             //设置外部中断 0 的触发方式
        while(1)
        {
            P1=0X00;
        }
}
//**********************************************************
//外部中断 0 服务函数(中断编号：0)
//**********************************************************
void int00()interrupt 0 using 0    //定义外部中断 0 的函数
{
    uint i=0;
    EX0=0;             //先关闭外部中断 0，以免在执行外部中断 0 的时候再次被中断。
    P1=0xf0;           //点亮低 4 位的 Led
    delay(500);
    P1=0x0f;           //高低位进行闪烁。
    delay(500);
    for(i=0; i<5; i++) // for 循环设定循环次数。
      {
        P1=0xff;       //熄灭所有的 Led
```

```
        delay(300);
        P1=0X00;            //点亮所有的 Led
        delay(300);         //实现了 Led 的闪烁
        }
    EX0=1; //打开外部中断 0 的允许位
    }
```

3. 仿真效果

效果：当按下按键的时候，接在 P1 口的 8 只 LED 灯高低四位相隔约 0.5 s 闪烁一次，然后 8 只 LED 灯每隔 0.3 s 闪烁 5 次。如此循环往复。

仿真效果图如图 5-6 所示。

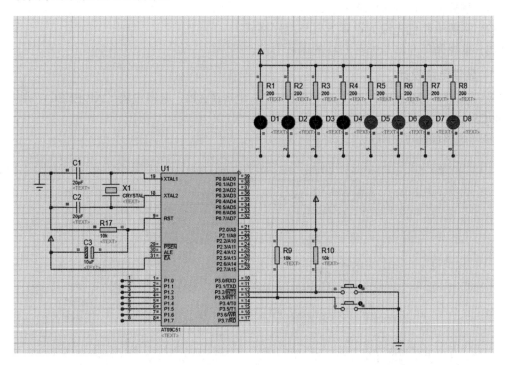

图 5-6　仿真效果图

4. 随堂练习

在此任务基础上特效更改为先两边到中间，再中间到两边的 2 次循环显示。

任务 5　两级中断嵌套

任务要求：

P1 口接 8 位 LED 灯并使用高电平进行点亮，K1 接在单片机 P3.2 口，K2 接在单片机 P3.3 口。编程实现当按下 K1 的时候，LED 灯能够进行从右向左的流水灯效果；当按下 K2 的时候，LED 能够进行从左到右的流水灯效果；当释放按键的时候，LED 的高低 4 位交替闪烁。

学习目标：

(1) 掌握单片机两级中断嵌套的原理。

(2) 掌握中断优先级的设置方式与程序格式。

(3) 掌握循环左移与循环右移的编程方法。

1. 硬件电路设计

所需元件：晶振(CRYSTAL)、电阻(RES)、电容(CAP)、电解电容(CAP-ELEC)、单片机(AT89C51)、LED 灯(LED-RED)、开关(KEY)。

参考电路如图 5-7 所示。

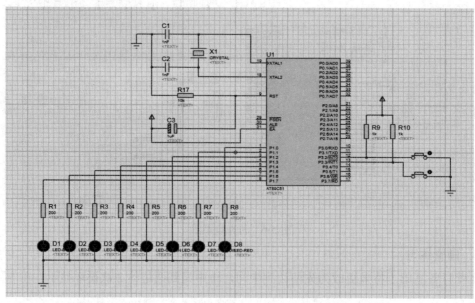

图 5-7　两级中断嵌套参考电路

2. 源程序分析

```
#include<reg51.h>                    //调用头文件
#include<intrins.h>                  //调用头文件，此头文件包含了左移和右移的函数
#define uchar unsigned char          //定义变量类型
#define uint unsigned int            //定义变量类型
uint i=0, j=0, temp1=0x01, temp2=0x80;   //定义全局变量并且赋初值

void delay(uint x)                   //定义延时函数
{
    uchar t;                         //定义局部变量 t 并默认赋值 0
    while(x--)for(t=0; t<125; t++);  //设定延时函数的延时时间
}

void intt0()interrupt 0              //设置外部中断 0 函数
{
    for(i=0; i<8; i++)               //定义 for 循环的循环次数以及循环条件
    {
        P1=temp1;                    //将变量 temp 的值赋值给 P1 口的寄存器
        delay(500);
        temp1=_crol_(temp1, 1);      //左移流水灯效果
    }
}

void intt1()interrupt 2              //设置外部中断 2 函数
{
    for(j=0; j<8; j++){              //设置 for 循环的循环次数和循环条件
        P1=temp2;                    //将变量 temp2 的值赋值给 P1 口的寄存器
        delay(500);
        temp2=_cror_(temp2, 1);      //右移流水灯效果
    }
}

void main()                          //定义主函数
{
    EA=1;                            //打开中断允许位，允许所有的中断发送请求信号
```

```
    EX0=1;                      //中断允许位
    EX1=1;                      //中断允许位
    PX0=0;                      //外部中断 0 的优先级控制位
    PX1=1;                      //外部中断 1 的优先级控制位
    IT0=1;                      //外部中断 0 的触发方式
    IT1=1;                      //外部中断 1 的触发方式
    while(1){
        P1=0X0F;                //高电平点亮 LED，点亮低 4 位
        delay(500);
        P1=0XF0;                //高电平点亮 LED，点亮高 4 位
        delay(500);             // LED 高低 4 位交替闪烁
    }
}
```

3. 仿真效果

效果：当按下 K1 的时候，LED 能够进行从右向左的流水灯效果；当按下 K2 的时候，LED 能够进行从左到右的流水灯效果；当释放按键的时候，LED 的高低 4 位交替闪烁。

仿真效果图如图 5-8、5-9 所示。

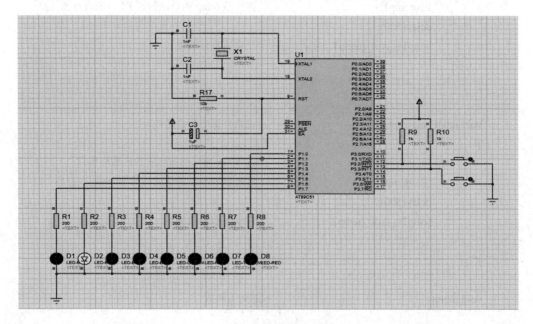

图 5-8　仿真效果图 1

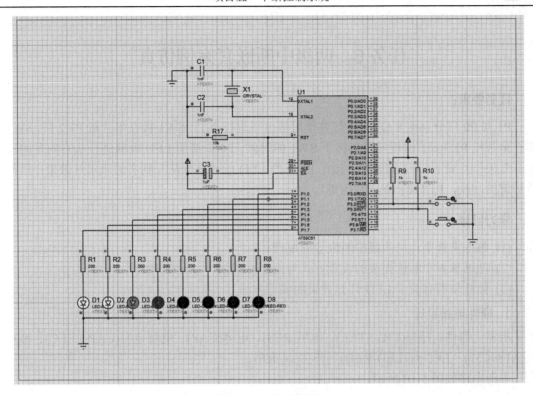

图 5-9　仿真效果图 2

任务6　两级中断嵌套案例仿真

任务要求:

P1 与 P0 口分别接 8 位 LED 灯并使用低电平进行点亮，SW1 接在单片机 P3.2 口，SW2 接在单片机 P3.3 口。编程实现当按下 SW1 的时候，P0 口接的 LED 能够进行从右向左的流水灯效果；当按下 SW2 的时候，接在 P1 口的 LED 能够进行从左到右的流水灯效果；当释放按键的时候，P1 口的 LED 灯闪烁。

学习目标:

(1) 熟练掌握单片机两级中断嵌套的原理。

(2) 熟练掌握中断优先级的设置方式与程序格式。

(3) 熟练掌握有关于 LED 灯光效果的编程方法。

1. 硬件电路设计

所需元器件：晶振(CRYSTAL)、电阻(RES)、电容(CAP)、电解电容(CAP-ELEC)、单片机(AT89C51)、LED 灯(LED-RED)、开关(switch)。

参考电路如图 5-10 所示。

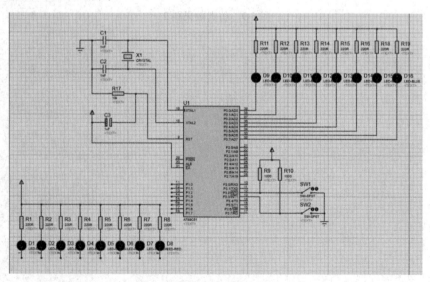

图 5-10　两级中断嵌套案例参考电路

2. 源程序分析

```
#include<reg51.h>                      //调用头文件
#include<intrins.h>                    //调用头文件，该头文件中包含左移和右移的函数
#define uchar unsigned char            //定义变量类型
#define uint unsigned int              //定义变量类型
uint m, n;                             //定义全局变量并默认赋初值 0
uchar temp;                            //定义全局变量并默认赋初值 0


void delay(uint x)                     //定义延时函数
{
    uchar t;                           //定义局部变量 t 并默认赋值 0
    while(x--)for(t=0; t<125; t++);    //设置延时函数延时时间
}


void int00(void)interrupt 0           //定义外部中断 0 的函数
{
    EX0=0;                             //中断允许位
    P0=0XFE;                           //附上初值
    for(m=0; m<8; m++)                 //设置移动的次数
    {
        P0=_cror_(P0, 1);             //将 P0 的值右移一位再重新赋值给 P0 口的寄存器
        delay(500);
    }
    EX0=1;                             //外部中断 0 允许位
}


void int1(void)interrupt 2            //外部中断 1 的序号是 2
{
    EX1=0;                             //中断允许位
    temp=0x7f;                         //给变量 temp 赋值 0x7f
    for(n=0; n<8; n++)                 //设置 for 循环的次数和循环条件
    {
```

```
        temp=_crol_(temp, 1);            //将 temp 的值进行左移操作然后再重新赋值给 temp
        P1=temp;                         //将 temp 的值赋值给 P1 口的寄存器
        delay(500);
    }
    EX1=1;                               //外部中断 1 允许位
}


void main()                              //定义主函数
{
    EA=1;                                //开启中断总允许位，允许所有中断发送中断请求信号
    EX0=1;                               //中断允许位
    EX1=1;                               //中断允许位
    PX0=0;                               //外部中断 0 的优先级控制位
    PX1=1;                               //外部中断 1 的优先级控制位
    IT0=1;                               //外部中断 0 的触发方式
    IT1=1;                               //外部中断 1 的触发方式
    while(1)                             //设置 while 循环
    {
        P1=0X00;
        delay(200);
        P1=0XFF;
        delay(200);      //实现 P1 口所接 Led 的闪烁
    }
}
```

3. 仿真效果

效果：当按下 SW1 的时候，P0 口接的 LED 灯能够进行从右向左的流水灯效果；当按下 SW2 的时候，接在 P1 口的 LED 能够进行从左到右的流水灯效果；当释放按键的时候，P1 口的 LED 灯闪烁。

仿真效果图如图 5-11、5-12、5-13 所示。

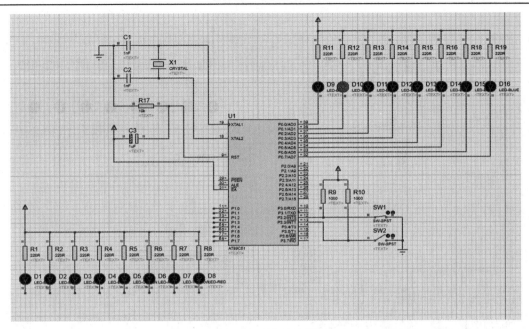

图 5-11　仿真效果图 1

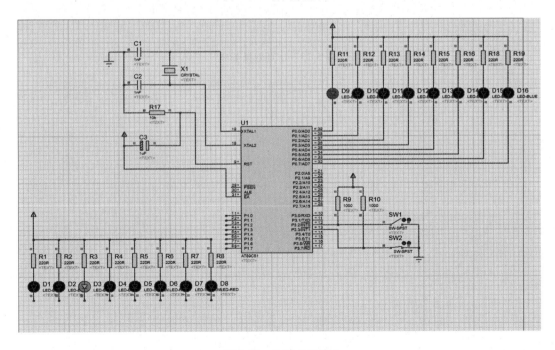

图 5-12　仿真效果图 2

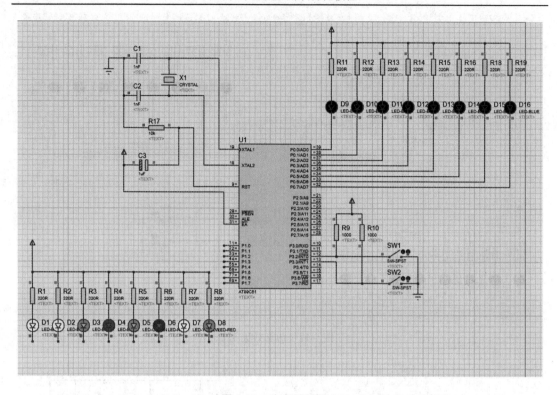

图 5-13　仿真效果图 3

任务 7　基于 51 单片机的车间计件器的设计

任务要求：

P1 口接一个 4 位一体的数码管，当有一个计数脉冲过来的时候，进行加 1 操作，实现计件器的功能仿真。

学习目标：

(1) 熟练掌握单片机中断使用的原理。

(2) 熟练掌握数码管的使用。

(3) 熟练掌握数组的设置方式与使用规则。

1. 硬件电路设计

所需元器件：晶振(CRYSTAL)、电阻(RES)、电容(CAP)、电解电容(CAP-ELEC)、单片机(AT89C51)、四位一体数码管(7SEG)、芯片(74LS245)、按键(Button)。

参考电路如图 5-14 所示。

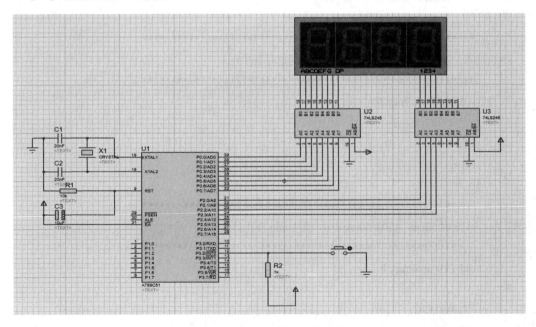

图 5-14　车间计件器参考电路

2. 源程序分析

```
#include<reg51.h>
#define uchar unsigned char
#define uint unsigned int
//**********************************************************
//共阳段码
//**********************************************************
uchar code LED_code[26]={0xc0, 0xf9, 0xa4, 0xb0, 0x99, 0x92, 0x82, 0xf8, 0x80, 0x90};
//**********************************************************
//gewei 表示个位，shiwei 表示十位，baiwei 表示百位，qianwei 表示千位
//**********************************************************
uint j=0, i=0, gewei=0, shiwei=0, baiwei=0, qianwei=0;
void delay(uint x)
    {
        uchar t=0;
        while(x--)for(t=0; t<125; t++);
    }
//**********************************************************
//第一次来脉冲，加 1 计数，同时启动定时器 T0
//**********************************************************
void intt0() interrupt 0
{
    TR0=1;
    i++;
}
    //**********************************************************
    //定时 50ms，1200*50ms=60s，即 1 min 停止计数
    //**********************************************************
void TT0()interrupt 1
{
    TH0=0X3C;
    TL0=0XB0;
    j++;
```

```c
        if(j==1200)
        {
          TR0=0;
          EX0=0;
          j=0;
        }
}
//**********************************************************
//数码管动态显示千位，百位，十位，个位
//**********************************************************
void display()
{
    qianwei=i/1000;
    baiwei=i/100%10;
    shiwei=i/10%10;
    gewei=i%10;
    P2=0X08;
    P0=LED_code[gewei];                //个位显示
    delay(10);
    P2=0X04;
    P0=LED_code[shiwei];               //十位显示
    delay(10);
    P2=0X02;
    P0=LED_code[baiwei];               //百位显示
    delay(10);
    P2=0X01;
    P0=LED_code[qianwei];              //千位显示
    delay(10);
}
void main()
{
    TMOD=0X01;
    EA=1;
```

```
    ET0=1;
    TH0=0X3C;
    TL0=0XB0;
    EX0=1;
    IT0=1;
    PT0=1;
    PX0=0;
    while(1)
    {
        display();
    }
}
```

3. 仿真效果

效果：当接通电源之后，数码管上面显示数字 0，然后每按一次按键，数码管里面的数值加 1 显示。

仿真效果图如图 5-15 所示。

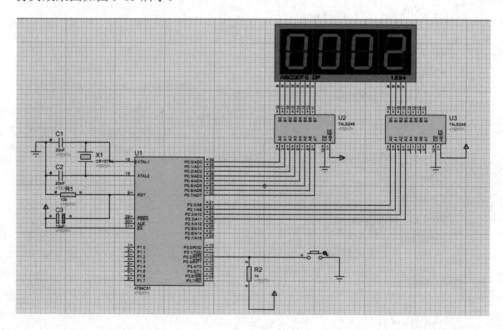

图 5-15 仿真效果图

项目六 定时器/计数器应用

教学任务

任务 1：定时器/计数器的结构与原理。

任务 2：生成脉冲宽度调制信号(PWM)。

任务 3：同时生成两种波形。

教学目标

(1) 掌握 51 单片机定时器/计数器的结构及工作原理。

(2) 掌握 51 单片机定时器的四种工作方式以及具体应用方法。

(3) 掌握单片机定时器/计数器的初值计算器方法。

(4) 掌握脉冲宽度调制信号波形产生原理及仿真实现方法。

任务 1　定时器/计数器的结构与原理

任务要求：

在本小节学习基础上简述定时器/计数器的结构及应用。

学习目标：

(1) 掌握定时器/计数器的结构。

(2) 掌握 TMOD 的格式及工作方式的定义。

(3) 掌握各种工作方式下定时器及计数器初值的计算方法。

51 单片机内部有两个 16 位可编程定时器/计数器，为定时器 0(T0)和定时器 1(T1)。定时器/计数器的工作方式、启停控制通过编程控制寄存器来设定。控制寄存器是由特殊功能寄存器中的定时器/计数器控制寄存器(TCON)和定时器/计数器方式控制寄存器(Timer/Counter Mode Control Register，简称 TMOD)组成。

1. 定时器/计数器的结构

每个 16 位的定时器/计数器分别由两个高 8 位寄存器和低 8 位寄存器组成，T0 由 TH0 和 TL0 组成，T1 由 TH1 和 TL1 组成。它们分别用于存放定时或计数功能的高 8 位初值和低 8 位初值。

方式控制寄存器(TMOD)主要用于设定工作方式，控制寄存器(TCON)主要用于控制启动与停止，并保存溢出和中断申请标志，中断允许寄存器(IE)控制 CPU 对每个定时器的开放或者屏蔽。

定时器工作在计数方式时，定时器 T0 由外部计数信号通过外部输入引脚 P3.4 输入，T1 由 P3.5 输入。

定时器/计数器实际上是一个加 1 计数器，实现定时和计数两种功能，其具体功能由 TMOD 寄存器来控制。通过软件编程对寄存器 TMOD 和 TCON 进行设置。当工作在定时器功能时，振荡器的 12 分频信号产生计数器的加 1 信号，每来一个机器周期，计数器加 1，直至计满溢出。当工作在计数功能时，通过外部输入 T0(P3.4)和 T1(P3.5)计数，外部脉冲的下降沿触发计数。在每个机器周期的 S5P2 期间采样值为 0，则计数器加 1，在下一个机器周期 S3P1 期间，计数初值重新装入计数器。

2. 定时器/计数器的功能

定时器/计数器具有定时和计数两种功能。具体表现在：

(1) 定时控制。

(2) 自动计数。

(3) 系统监控。

(4) 检测模块。

3. 定时器/计数器方式控制寄存器(TMOD)

定时器/计数器方式控制寄存器的作用是对 T0 和 T1 的工作方式进行设置，TMOD 的格式见表 6-1。

表 6-1　TMOD 的格式

定时器		T1		定时器		T0	
D7	D6	D5	D4	D3	D2	D1	D0
GATE	C/$\overline{\text{T}}$	M1	M0	GATE	C/$\overline{\text{T}}$	M1	M0

各位的功能如下：

① GATE：门控位。

GATE = 0：软件启动定时器，TCON 中的 TR1(TR0)置 1 即可启动定时器 T1(T0)。

GATE = 1：软件和硬件共同启动定时器。TR1(TR0)置 1，同时外部中断引脚输入高电频时才能启动 T1(T0)。

② C/$\overline{\text{T}}$：功能选择位。C/$\overline{\text{T}}$ = 0 表示工作在定时方式；C/$\overline{\text{T}}$ = 1 表示工作在计数方式。

③ M1、M0：工作方式选择位，见表 6-2。

表 6-2　工作方式的定义

M1	M0	工作方式	功 能 描 述
0	0	方式 0	13 位
0	1	方式 1	16 位
1	0	方式 2	自动重装载 8 位
1	1	方式 3	T0：分为两个独立的 8 位计数器 定时器 1：无中断的计数器

4. 定时器/计数器控制寄存器(TCON)

TCON 高四位的作用是控制定时器的启动与停止，并保存 T1 和 T0 的溢出和中断申请标志位，TCON 格式如表 6-3 所示：

表 6-3 TCON 的格式

8FH	8EH	8DH	8CH	8BH	8AH	89H	88H
TF1	TR1	TF0	TR0	IE1	IT1	IE0	IT0
T1		T0		$\overline{INT1}$		$\overline{INT0}$	

各位功能如下：

项目五中已经介绍了与外部中断有关的低四位的功能，这里不再赘述，主要介绍高四位的功能。

TR0(TCON.4)：控制定时器 T0 启停位。

TF0(TCON.5)：定时器 T0 溢出中断申请标志位。

这两位服务于 T0。

TR1(TCON.6)：控制定时器 T1 启停位。

TF1(TCON.7)：定时器 T1 溢出中断申请标志位。

这两位服务于 T1。

5. 定时器/计时器的四种工作方式及应用

初始化的步骤如下：

(1) 设置 TMOD。

(2) 根据定时时间或者计数次数，利用初值计算公式，计算定时或者计数初值，并对相应的寄存器 TH1/TL1(TH0/TL0)赋值，公式见表 6-4。

(3) 对 IE 中的相关位赋值。

(4) TCON 中的 TR1(TR0)置 1，SS 启动。

表 6-4 定时初值和计数初值计算方法

工作方式	计数位数	最大计数值	最大定时时间	定时初值公式	计数初值计算公式
0	13	$2^{13} = 8192$	$2^{13} * T_{机}$	$X = 2^{13} - T/T_{机}$	$X = 2^{13} - M$
1	16	$2^{16} = 65\ 536$	$2^{16} * T_{机}$	$X = 2^{16} - T/T_{机}$	$X = 2^{16} - M$
2	8	$2^8 = 256$	$2^8 * T_{机}$	$X = 2^8 - T/T_{机}$	$X = 2^8 - M$

注：T 表示定时时间，$T_{机}$表示机器周期，M 表示计数值。

任务2　生成脉冲宽度调制信号(PWM)

任务要求:

P1.0 输出脉冲宽度调制信号(PWM),即输出周期是 20 ms,占空间比 3∶10 的矩形波,以控制直流电机按照一定的速度转动,晶振频率为 12 MHz。

采用定时器 T0 工作于方式 2,定时 250 μs。

第一步:TMOD=00000010B = 0X02。

第二步:$X = 2^8 - T/T_{机} = 256 - 250/1 = 6$;TH0 = TL0 = 6。

第三步:EA = 1;ET0 = 1;TR0 = 1。

学习目标:

(1) 掌握定时/计数器的使用方式

(2) 掌握定时/计数器相关寄存器各位的含义

(3) 熟练设置定时/计数器的初值

1. 硬件电路设计

所需元器件:晶振(CRYSTAL)、电阻(RES)、电容(CAP)、电解电容(CAP-ELEC)、单片机(AT89C51)、示波器(OSCILLOSCOPE)。

参考电路如图 6-1 所示。

2. 源程序分析

```
#include<reg51.h>              //调用 C51 头文件
#define uchar unsigned char    //定义变量类型
#define uint unsigned int      //定义变量类型
sbit P1_0=P1^0;                //将 P1 口的最低位自定义名称
//20ms, 占空比是 3∶10
int t=0;                       //定义全局变量 t, 并赋值 0
void main()
{
    TMOD=0X02;                 //设置 TMOD 寄存器的值
    TH0=6;                     //给 T0 定时/计数器高位赋值
```

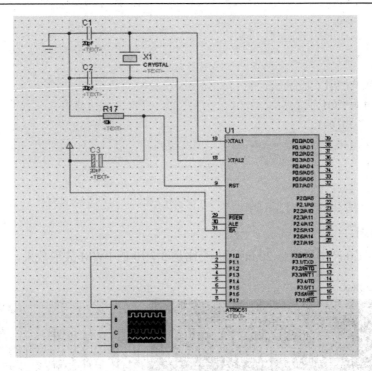

图 6-1 PWM 参考电路

```
    TL0=6;              //给 T0 定时/计数器低位赋值
    EA=1;               //打开中断总控制端口
    ET0=1;              //允许 T0 中断发送请求信号
    TR0=1;              //打开定时/计数器
    P1_0=1;             //将 1 赋值给 P1 口的最低位
      while(1);         //设置死循环
}
void t123()interrupt 1   //定义外部中断 1 的函数
{
    t++;                //t 的值自加 1，然后重新赋值给 t
    if(P1_0==1)         //设置 if 条件函数
    {
      if(t==24){
        P1_0=0;
```

```
                    t=0;
                }
            }
        if(P1_0==0){
            if(t==56){
                P1_0=1;
                t=0;
            }
        }
    }
```

3. 仿真效果

效果: 在 P1.0 产生周期是 20 ms, 占空比是 3∶10 的 PWM 波形效果, 如图 6-2 所示。

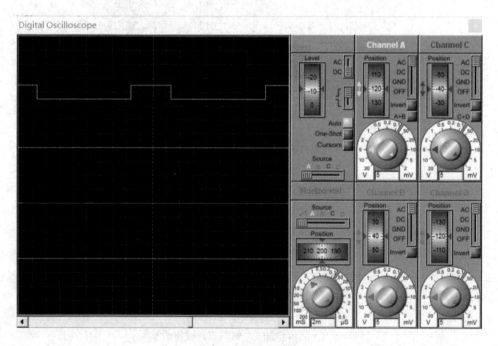

图 6-2　仿真效果图

4. 随堂练习

请在此任务基础上结合之前所学知识外加七段数码管模块记录脉冲数。

任务 3　同时生成两种波形

任务要求：

在 P1.5 生成周期是 4 ms 的方波，同时在 P1.6 引脚输出周期是 20 ms、占空比是 4∶10 的 PWM 波，要求采用定时器 1，工作于方式 1，晶振频率是 12 MHz。

采用定时器 T1，工作于方式 1，定时 2 ms。

第一步：TMO = 00010000B = 0X10。

第二步：$X = 2^{16} - T/T_{机} = 2^{16} - 2000/1 = 65536 - 2000 = 63536 = F830H$；

$\quad\quad$ TH1 = 0XF8；TL1 = 1；TR1 = 1。

学习目标：

(1) 掌握定时/计数器的使用方式。

(2) 掌握定时/计数器相关寄存器各位的含义。

(3) 熟练设置定时/计数器的初值。

1．硬件电路设计

所需元器件：晶振(CRYSTAL)、电阻(RES)、电容(CAP)、电解电容(CAP-ELEC)、单片机(AT89C51)、示波器(OSCILLOSCOPE)。

参考电路如图 6-3 所示。

2．源程序分析

```
#include<reg51.h>                //调用 C51 头文件
#define ucher unsigned char      //定义变量类型
#define uint unsigned int//定义变量类型
sbit P1_6=P1^6;                  //定义 P1 口的 P1^6 位为 P1_6
sbit P1_5=P1^5;                  //定义 P1 口的 P1^5 位为 P1_5
int t=0;                         //定义全局变量 t，并赋值 0
void main()
{
    TMOD=0X10;                   //设置 TMOD 寄存器的值
```

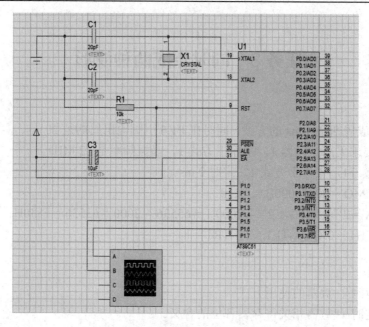

图 6-3　同时生成两种波形案例参考电路

```
    TH1=0xf8;                    //设置定时/计数器 1 的高位初值
    TL1=0x30;                    //设置定时/计数器 1 的低位初值
    EA=1;                        //打开中断总控制位
    ET1=1;                       //允许定时/计数器 1 进行中断请求
    TR1=1;                       //打开定时/计数器 1
    P1_6=1;                      //为 P1^6 口寄存器赋值 1
    while(1);
}
void t123 () interrupt 3        //定义定时/计数器 1 中断函数
{
    TH1=0xf8;
    TL1=0x30;
    P1_5=!P1_5;
    t++;
    if(P1_6==1)
    {
```

```
    if(t==4)
    {
        P1_6=0;
        t=0;
    }
}
if(P1_6==0)
{
    if(t==6)
    {
        P1_6=1;
        t=0;
    }
}
}
```

3. 仿真效果

效果：在 P1.5 生成周期是 4 ms 的方波，同时在 P1.6 引脚输出周期是 20 ms、占空比是 4∶10 的 PWM 波，仿真效果如图 6-4 所示。

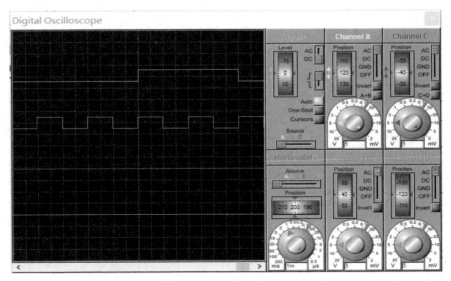

图 6-4　仿真效果图

4．随堂练习

请在任务 3 基础上结合之前所学知识外加七段数码管模块记录脉冲数、通过数码管计数观察两者之间的规律。

项目七　串行通信应用

📖 教学任务

任务 1：串行通信工作原理。

任务 2：两个单片机之间的单向通信应用。

任务 3：两个单片机之间的双向通信应用。

📖 教学目标

(1) 掌握串行通信的工作原理，串行通信的两种基本方式。

(2) 掌握同步通信和异步通信的实现方法。

(3) 掌握单片机控制系统之间的相互通信以及具体的实现方法。

(4) 掌握实际项目中利用串行通信技术来解决实际问题的能力。

任务 1　串行通信工作原理

任务要求：

在本小节学习基础上简述串行通信工作原理及波特率、溢出率的计算方式。

学习目标：

(1) 掌握串行通信的工作原理。

(2) 掌握 SCON 寄存器的结构及串行口工作方式。

(3) 掌握 PCON 寄存器的结构及各种方式下波特率的计算方式。

串行接口是一种可以将接收的来自 CPU 的并行数据字符转换为连续的串行数据流发送出去，同时可将接收的串行数据流转换为并行的数据字符供给 CPU 的器件。一般完成这种功能的电路，我们称为串行接口电路。

本文主要介绍单片机上串口的工作原理和如何通过程序来对串口进行设置，并根据所给出的实例实现与 PC 机通信。

51 单片机内部有一个全双工串行接口。什么叫全双工串口呢？一般来说，只能接收或只能发送的串行口称为单工串行；既可接收又可发送，但不能同时进行的称为半双工；能同时接收和发送的串行口称为全双工串行口。串行通信是指数据一位一位地按顺序传送的通信方式，其突出优点是只需一根传输线，可大大降低硬件成本，适合远距离通信。其缺点是传输速度较低。

与之前一样，首先我们来了解单片机串口相关的寄存器。

SBUF 寄存器：它是两个在物理上独立的接收、发送缓冲器，可同时发送、接收数据，可通过指令对 SBUF 的读写来区别是对接收缓冲器的操作还是对发送缓冲器的操作，从而控制外部两条独立的收发信号线 RXD(P3.0)、TXD(P3.1)，同时发送、接收数据，实现全双工。SCON 寄存器如表 7-1 所示。

表 7-1　SCON 寄存器

SM0	SM1	SM2	REN	TB8	RB8	TI	RI

表中各位(从左至右为从高位到低位)含义如下。

SM0 和 SM1：串行口工作方式控制位，其定义如表 7-2 所示。

表 7-2　串行口工作方式控制位

SM0	SM1	工作方式	功　能	波特率
0	0	方式 0	同步移位寄存器输出方式	$f_{osc}/12$
0	1	方式 1	10 位异步通信方式	可变，取决于定时器 1 溢出率
1	0	方式 2	11 位异步通信方式	$f_{osc}/32$ 或 $f_{osc}/64$
1	1	方式 3	11 位异步通信方式	可变，取决于定时器 1 溢出率

其中，f_{osc} 为单片机的时钟频率；波特率指串行口每秒钟发送(或接收)的位数。

SM2：多机通信控制位。仅用于方式 2 和方式 3 的多机通信。SM2 = 1 时，只有当接收到第 9 位数据(RB8)为 1 时，才把接收到的前 8 位数据送入 SBUF，且置位 RI 发出中断申请引发串行接收中断，否则会将接收到的数据放弃。当 SM2 = 0 时，就不管第 9 位数据是 0 还是 1，都将数据送入 SBUF，并置位 RI 发出中断申请。工作于方式 0 时，SM2 必须为 0。

REN：串行接收允许位：REN = 0 时，禁止接收；REN = 1 时，允许接收。

TB8：在方式 2、3 中，TB8 是发送机要发送的第 9 位数据。在多机通信中它代表传输的地址或数据，TB8 = 0 时为数据，TB8 = 1 时为地址。

RB8：在方式 2、3 中，RB8 是接收机接收到的第 9 位数据，该数据正好来自发送机的 TB8，从而识别接收到的数据特征。

TI：串行口发送中断请求标志。当 CPU 发送完一帧串行数据后，此时 SBUF 寄存器为空，硬件使 TI 置 1，请求中断。CPU 响应中断后，由软件对 TI 清零。

RI：串行口接收中断请求标志。当串行口接收完一帧串行数据时，此时 SBUF 寄存器为全满状态，硬件使 RI 置 1，请求中断。CPU 响应中断后，用软件对 RI 清零。电源控制寄存器 PCON(见表 7-3)。

表 7-3　PCON 寄存器

SMOD				GF1	GF0	PD	IDL

表中各位(从左至右为从高位到低位)含义如下。

SMOD：波特率加倍位。SMOD = 1，当串行口工作于方式 1、2、3 时，波特率加倍。SMOD = 0，波特率不变。

GF1、GF0：通用标志位。

PD(PCON.1)：掉电方式位。当 PD = 1 时，进入掉电方式。

IDL(PCON.0)：待机方式位。当 IDL = 1 时，进入待机方式。

另外与串行口相关的寄存器有前面文章叙述的定时器寄存器和中断允许寄存器。定时器寄存器用来设定波特率。中断允许寄存器 IE 中的 ES 位也用来作为串行 I/O 中断允许位。

当 ES = 1 时，允许串行 I/O 中断；当 ES = 0 时，禁止串行 I/O 中断。中断优先级寄存器 IP 的 PS 位则用作串行 I/O 中断优先级控制位。当 PS = 1 时，设定为高优先级；当 PS = 0 时，设定为低优先级。

波特率计算：在了解了串行口相关的寄存器之后，我们可得出其通信波特率的一些结论：

(1) 方式 0 和方式 2 的波特率是固定的。

在方式 0 中，波特率为时钟频率的 1/12，即 $f_{OSC}/12$，固定不变。

在方式 2 中，波特率取决于 PCON 中的 SMOD 值，即波特率为

$$2^{SMOD} \times \frac{f_{OSC}}{64}$$

当 SMOD = 0 时，波特率为 $f_{OSC}/64$；当 SMOD = 1 时，波特率为 $f_{OSC}/32$。

(2) 方式 1 和方式 3 的波特率可变，由定时器 1 的溢出率决定。

$$波特率 = 2^{SMOD} \times \frac{T1溢出率}{32}$$

当定时器 T1 用作波特率发生器时，通常选用定时初值自动重装的工作方式 2(注意：不要把定时器的工作方式与串行口的工作方式搞混淆了)。其计数结构为 8 位，假定计数初值为 Count，单片机的机器周期为 T，则定时时间为 $(256 - Count) \times T$。从而在 1 s 内发生溢出的次数(即溢出率)可由公式(1)求得：

$$溢出率 = \frac{1}{(256 - Count) \times T} \tag{1}$$

从而波特率的计算公式由公式(2)求得：

$$波特率 = \frac{2^{SMOD}}{32} \times \frac{1}{12(256 - X)} \tag{2}$$

在实际应用时，通常是先确定波特率，然后根据波特率求 T1 定时初值，因此式(2)又可写为

$$T1 初值 = 256 - \frac{2^{SMOD}}{32} \times \frac{f_{OSC}}{12 \times 波特率} \tag{3}$$

任务 2　两个单片机之间的单向通信应用

任务要求：

在某个控制系统中有 U1、U2 两个单片机，U1 单片机首先将 P1 端口指拨开关数据载入 SBUF，然后经由 TXD 将数据传送给 U2 单片机，U2 单片机将接收数据存入 SBUF，再由 SBUF 载入累加器，并输出至 P1 端口，点亮相应端口的 LED。

学习目标：

(1) 掌握 51 单片机单向通信的基本实现思路。

(2) 掌握 C 语言子函数的调用方法。

(3) 掌握按键延时消抖的代码实现。

1. 硬件电路设计

所需元件：晶振(CRYSTAL)、电阻(RES)、电容(CAP)、电解电容(CAP-ELEC)、单片机(AT89C51)、数码管(7SEG)、按键(Button)、排阻(RES8PACK)。

参考电路如图 7-1 所示。

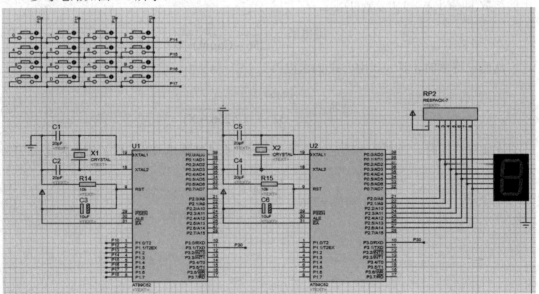

图 7-1　单向通信参考电路

2．源程序分析

U1 的 C 语言程序：

```
#include<reg52.h>              //调用 C52 头文件
#include<intrins.h>            //调用左移/右移函数头文件
#define uchar unsigned char    //定义变量类型
#define uint unsigned int      //定义变量类型
uchar num=0;                   //定义全局变量 num，并赋初值 0
void delay(uint x)             //定义延时函数
{
    uchar t;                   //定义局部变量 t，并默认赋初值 0
    while(x--)for(t=0; t<125; t++); //设置延时函数的一次运行所延时的时间
}
void kkscan()                  //定义扫描键盘的函数
{
    uchar ttt, m;              //定义局部变量 ttt 和 m
    P1=0X0F;                   //给 P1 口寄存器赋初值 0X0F
    delay(2);                  //延时
    ttt=P1^0X0F;               //将 P1 口寄存器所存的值与 0X0F 做异或操作，并将结果存入 ttt 变量
    switch(ttt)                //定义 switch 函数
    {
        case 8:m=3; break;     //如果 ttt 的值等于 8，执行该条指令，执行完毕之后退出 switch 函数
        case 4:m=2; break;     //如果 ttt 的值等于 4，执行该条指令，执行完毕之后退出 switch 函数
        case 2:m=1; break;     //如果 ttt 的值等于 2，执行该条指令，执行完毕之后退出 switch 函数
        case 1:m=0; break;     //如果 ttt 的值等于 1，执行该条指令，执行完毕之后退出 switch 函数
        default: return;       //若没有符合条件的值，则直接跳出 switch 函数
    }
    P1=0XF0;                   //给 P1 口寄存器赋初值 0XF0
    delay(2);                  //延时
    ttt=(P1>>4)^0X0F;          //将 P1 口寄存器所存的值与 0X0F 做异或操作，并将结果存入 ttt 变量
    switch(ttt)                //定义 switch 函数
    {
        case 8:m+=12; break;   //如果 ttt 的值等于 8，执行该条指令，执行完毕之后推出 switch 函数
        case 4:m+=8; break;    //如果 ttt 的值等于 4，执行该条指令，执行完毕之后推出 switch 函数
```

```
        case 2:m+=4; break;  //如果 ttt 的值等于 2, 执行该条指令, 执行完毕之后推出 switch 函数
        case 1:m+=0; break;  //如果 ttt 的值等于 1, 执行该条指令, 执行完毕之后推出 switch 函数
        default: return;     //若没有符合条件的值, 则直接跳出 switch 函数
    }
    num=m;                   //将变量 m 的值赋值给变量 num
}
void sendjia(uchar c)        //定义发送函数
{
    SBUF=c; while(TI==0); TI=0;    //给数据缓冲寄存器 SBUF 赋值, 并定义 while 循环
}
void main()
{
    SCON=0X50;               //设置 SCON 寄存器的初值为 0X50
    TMOD=0X20;               //设置 TMOD 寄存器的初值为 0X20
    PCON=0X00;               //设置 PCON 寄存器的初值为 0X00
    TH1=TL1=0XFD;            //设置定时/计数器 1 的高位和低位初值均为 0XFD
    IE=0X90;                 //设置 IE 寄存器的初值为 0X90
    TI=RI=0;                 //定义 TI 和 RI 两位均为 0
    TR1=1;                   //打开定时/计数器 1
    while(1)                 //设置死循环
    {
        kkscan();            //调用键盘扫描函数
        switch(num)          //调用 switch 函数
        {
        case 0:sendjia(0);   //若 num 的值为 0, 则调用发送函数, 且将变量赋值为 0
            break;           //退出 switch 函数
        case 1:sendjia(1);   //若 num 的值为 1, 则调用发送函数, 且将变量赋值为 1
            break;           //退出 switch 函数
        case 2:sendjia(2);   //若 num 的值为 2, 则调用发送函数, 且将变量赋值为 2
            break;           //退出 switch 函数
        case 3:sendjia(3);   //若 num 的值为 3, 则调用发送函数, 且将变量赋值为 3
            break;           //退出 switch 函数
        case 4:sendjia(4);   //若 num 的值为 4, 则调用发送函数, 且将变量赋值为 4
```

```
        break;               //退出 switch 函数
    case 5:sendjia(5);       //若 num 的值为 5，则调用发送函数，且将变量赋值为 5
        break;               //退出 switch 函数
    case 6:sendjia(6);       //若 num 的值为 6，则调用发送函数，且将变量赋值为 6
        break;               //退出 switch 函数
    case 7:sendjia(7);       //若 num 的值为 7，则调用发送函数，且将变量赋值为 7
        break;               //退出 switch 函数
    case 8:sendjia(8);       //若 num 的值为 8，则调用发送函数，且将变量赋值为 8
        break;               //退出 switch 函数
    case 9:sendjia(9);       //若 num 的值为 9，则调用发送函数，且将变量赋值为 9
        break;               //退出 switch 函数
    case 10:sendjia(10);     //若 num 的值为 10，则调用发送函数，且将变量赋值为 10
        break;               //退出 switch 函数
    case 11:sendjia(11);     //若 num 的值为 11，则调用发送函数，且将变量赋值为 11
        break;               //退出 switch 函数
    case 12:sendjia(12);     //若 num 的值为 12，则调用发送函数，且将变量赋值为 12
        break;               //退出 switch 函数
    case 13:sendjia(13);     //若 num 的值为 13，则调用发送函数，且将变量赋值为 13
        break;               //退出 switch 函数
    case 14:sendjia(14);     //若 num 的值为 14，则调用发送函数，且将变量赋值为 14
        break;               //退出 switch 函数
    case 15:sendjia(15);     //若 num 的值为 15，则调用发送函数，且将变量赋值为 15
        break;               //退出 switch 函数
        }
    }
}
```

U2 的 C 语言程序：

```
#include<reg52.h>
#include<intrins.h>
#define uchar unsigned char
#define uint unsigned int
uchar num2=0;
```

```
uchar code table[]={0x3F, 0x06, 0x5b, 0x4f, 0x66, 0x6d, 0x7d, 0x07, 0x7f,
                    0x6f, 0x77, 0x7c, 0x39, 0x5e, 0x79, 0x71};  //共阴极数码管的段码
void delay(uint x)
{
    uchar t;
    while(x--)for(t=0; t<125; t++);
}
void main()
{
    SCON=0X50;
    TMOD=0X20;
    PCON=0X00;
    TH1=TL1=0XFD;
    TI=RI=0;
    TR1=1;
    IE=0X90;
        while(1);
}
void receiveyi()interrupt 4    //定义串行通信的中断函数
{
    if(RI)//设置 if 结构
    {
     RI=0;
    switch(SBUF)
    {
        case 0:P2=table[0];        //若 SBUF 的值为 0，则将数组中编号为 0 的数发送到 P2 口
          break;                   //退出 switch 结构
        case 1:P2=table[1];        //若 SBUF 的值为 1，则将数组中编号为 1 的数发送到 P2 口
          break;                   //退出 switch 结构
        case 2:P2=table[2];        //若 SBUF 的值为 2，则将数组中编号为 2 的数发送到 P2 口
          break;                   //退出 switch 结构
        case 3:P2=table[3];        //若 SBUF 的值为 3，则将数组中编号为 3 的数发送到 P2 口
          break;                   //退出 switch 结构
```

```
            case 4:P2=table[4];        //若 SBUF 的值为 4，则将数组中编号为 4 的数发送到 P2 口
                break;                 //退出 switch 结构
            case 5:P2=table[5];        //若 SBUF 的值为 5，则将数组中编号为 5 的数发送到 P2 口
                break;                 //退出 switch 结构
            case 6:P2=table[6];        //若 SBUF 的值为 6，则将数组中编号为 6 的数发送到 P2 口
                break;                 //退出 switch 结构
            case 7:P2=table[7];        //若 SBUF 的值为 7，则将数组中编号为 7 的数发送到 P2 口
                break;                 //退出 switch 结构
            case 8:P2=table[8];        //若 SBUF 的值为 8，则将数组中编号为 8 的数发送到 P2 口
                break;                 //退出 switch 结构
            case 9:P2=table[9];        //若 SBUF 的值为 9，则将数组中编号为 9 的数发送到 P2 口
                break;                 //退出 switch 结构
            case 10:P2=table[10];      //若 SBUF 的值为 10，则将数组中编号为 10 的数发送到 P2 口
                break;                 //退出 switch 结构
            case 11:P2=table[11];      //若 SBUF 的值为 11，则将数组中编号为 11 的数发送到 P2 口
                break;                 //退出 switch 结构
            case 12:P2=table[12];      //若 SBUF 的值为 12，则将数组中编号为 12 的数发送到 P2 口
                break;                 //退出 switch 结构
            case 13:P2=table[13];      //若 SBUF 的值为 13，则将数组中编号为 13 的数发送到 P2 口
                break;                 //退出 switch 结构
            case 14:P2=table[14];      //若 SBUF 的值为 14，则将数组中编号为 14 的数发送到 P2 口
                break;                 //退出 switch 结构
            case 15:P2=table[15];      //若 SBUF 的值为 15，则将数组中编号为 15 的数发送到 P2 口
                break;                 //退出 switch 结构
            }
        }
    }
```

3. 仿真效果

效果：当按下矩阵按键中的任意一个按键的时候，在右边的数码管上面则会显示当前按下的按键的键值，例如图 7-2 中按下了键值为 4 的按键，于是就能在数码管上面看到显示的值是 4。

程序编译通过后，生成 .hex 文件导入仿真图 AT89S51 单片机内，执行特效即为项目所需特效。

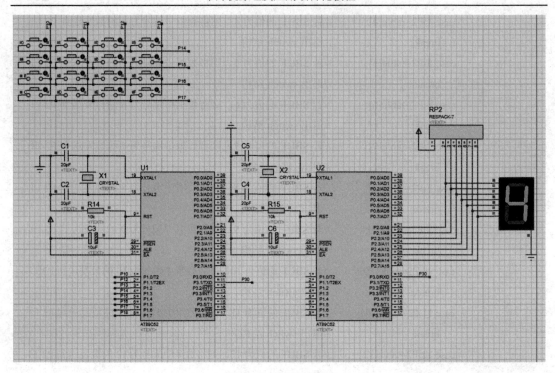

图 7-2　仿真效果图

4．随堂练习

在此任务基础上再外接一个数码管，实现两位数的输入及显示功能。

任务 3　两个单片机之间的双向通信应用

任务要求:

甲单片机按键同时控制甲单片机本身和乙单片机 3 个 LED 灯,分别实现四种效果;第一次按下并抬起,实现闪烁;第二次按下并抬起,实现 LED1 亮;第三次按下并抬起,实现 LED2 亮;第四次按下并抬起,实现流水显示。乙机按键每按下并抬起一次,甲机数码管加 1 显示。

学习目的:

(1) 了解 51 单片机串行口(UART)的结构和工作方式。
(2) 了解串行口通信的原理及数据交换过程。
(3) 掌握单片机之间进行串口通信的编程方法。

1. 硬件电路设计

所需元件:晶振(CRYSTAL)、电阻(RES)、电容(CAP)、电解电容(CAP-ELEC)、单片机(AT89C51)、LED 灯(LED-RED)、按键(BUTTON)。

参考电路如图 7-3 所示。

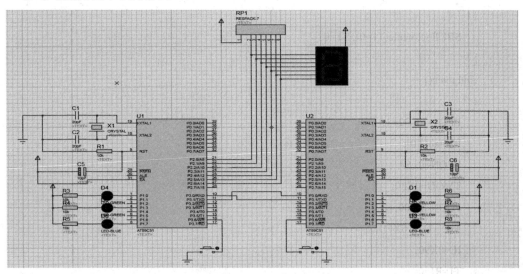

图 7-3　双向通信参考电路

2. 源程序分析

甲机代码：

```
#include<reg52.h>
#include<intrins.h>
#define uchar unsigned char
#define uint unsigned int
sbit LED1=P1^0;
sbit LED2=P1^3;
sbit LED3=P1^7;
sbit k1=P3^6;
uchar num=0;
uchar code table[]={0xc0, 0xf9, 0xa4, 0xb0, 0x99, 0x92, 0x82, 0xf8, 0x80, 0x90};
void delay(uint x)
{
    uchar t;
    while(x--)for(t=0; t<125; t++);
}
void sendjia(uchar c)
{
    SBUF=c; while(T1=0); T1=0;
}
void main()
{
    LED1=LED2=1;
    P2=table[0];
    SCON=0x50;
    TMOD=0X20;
    PCON=0X00;
    TH1=TL1=0XFD;
    IE=0X90;
    T1=RI=0;
    TR1=1;
```

```
while(1)
{
    uint i=0, m=0xfe;
    delay(50);
    if(k1==0)
    {
        while(k1==0);
        num=(num+1)%5;
        switch(num)
        {
            case 0:sendjia(0);
                LED1=LED2=LED3=0;
                break;
            case 1:sendjia(1);
                for(i=0; i<5; i++)
                {
                    P1=0X00;
                    delay(100);
                    P1=0XFF;
                    delay(100);
                }
                break;
            case 2:sendjia(2);
                LED1=0; LED2=1; LED3=1;
                break;
            case 3:sendjia(3);
                LED1=0; LED2=1; LED3=1;
                break;
            case 4:sendjia(4);
                for(i=0; i<8; i++)
                {
                    P1=m;
```

```
                        delay(100);
                        m=_crol_(m, 1);
                    }
                    break;
                }
            }
        }
    }
    void receivejia()interrupt 4
    {
        if(RI)
        {
            RI=0;
            if(SBUF>=0&&SBUF<=9)
                P2=table[SBUF];
            else
                P2=0;
        }
    }
```

乙机代码：

```
    #include<reg52.h>
    #include<intrins.h>
    #define uchar unsigned char
    #define uint unsigned int
    sbit LED1=P1^0;
    sbit LED2=P1^3;
    sbit LED3=P1^7;
    sbit k1=P3^6;
    uchar num=0;
    uchar code table[]={0xc0, 0xf9, 0xa4, 0xb0, 0x99, 0x92, 0x82, 0xf8, 0x80, 0x90};
    void delay(uint x)
```

```
{
    uchar t;
    while(x--)for(t=0; t<125; t++);
}
void sendjia(uchar c)
{
    SBUF=c; while(T1=0); T1=0;
}
void main()
{
    LED1=LED2=1;
    P2=table[0];
    SCON=0x50;
    TMOD=0X20;
    PCON=0X00;
    TH1=TL1=0XFD;
    IE=0X90;
    T1=RI=0;
    TR1=1;
    while(1)
    {
        uint i=0, m=0xfe;
        delay(50);
        if(k1==0)
        {
            while(k1==0);
            num=(num+1)%5;
            switch(num)
            {
                case 0:sendjia(0);
                    LED1=LED2=LED3=0;
                    break;
```

```
                    case 1:sendjia(1);
                    for(i=0; i<5; i++)
                    {
                        P1=0X00;
                        delay(100);
                        P1=0XFF;
                        delay(100);
                    }
                        break;
                    case 2:sendjia(2);
                        LED1=0; LED2=1; LED3=1;
                        break;
                    case 3:sendjia(3);
                        LED1=0; LED2=1; LED3=1;
                        break;
                    case 4:sendjia(4);
                    for(i=0; i<8; i++)
                    {
                        P1=m;
                        delay(100);
                        m=_crol_(m, 1);
                    }
                        break;
                }
            }
        }
    }
    void receivejia()interrupt 4
    {
        if(RI)
        {
            RI=0;
```

```
        if(SBUF>=0&&SBUF<=9)
            P2=table[SBUF];
        else
            P2=0;
        }
    }
```

3．仿真效果

程序编译通过后，生成 .hex 文件导入仿真图 AT89S51 单片机内，执行特效即为项目所需特效。

效果：甲单片机按键同时控制甲单片机本身和乙单片机 3 个 LED 灯，分别实现四种效果：第一次按下并抬起，实现闪烁；第二次按下并抬起，实现 LED1 亮；第三次按下并抬起，实现 LED2 亮；第四次按下并抬起，实现流水显示。乙机按键每按下并抬起一次，甲机数码管加 1 显示。

仿真效果图如图 7-4 所示。

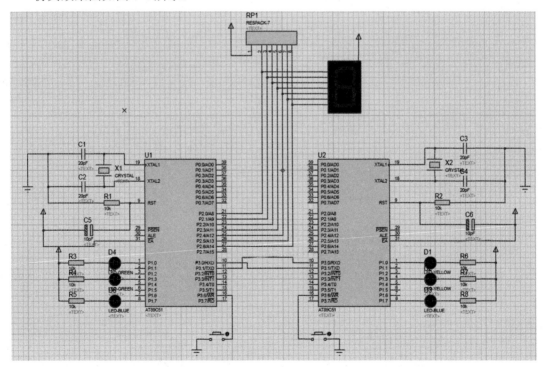

图 7-4　仿真效果图

4．随堂练习

电路及功能拓展：两个单片机(甲机和乙机)之间采用方式 1 双向串行通信。

(1) 甲机的 K1 按键可通过串口控制乙机的 LED1 点亮；LED2 灭；甲机的 K2 按键控制乙机 LED1 灭，LED2 点亮；甲机的 K3 按键控制乙机的 LED1 和 LED2 全亮。

(2) 乙机的 K2 按键可控制串口向甲机发送按下的次数，按下的次数通过串口显示在甲机的数码管上。

项目八　综合应用——基于 51 单片机的计算器设计与仿真

1. 设计内容

本电路设计采用 AT89C51 单片机为核心，利用晶振产生频率为 12 MHz 的时钟脉冲信号，利用 LCD1602 液晶屏显示计算及其时间信息，通过对 AT89C51 单片机的编程控制 LCD1602 液晶屏的显示。显示计算和简易计算的信息同在 LCD1602 上显示，通过按键切换选择。外部按键可及时设置需要计算的信息。

(1) 采用 AT89C51 作为主控芯片；

(2) 显示模块使用 LCD1602 液晶显示屏；

(3) 输入模块使用 4×4 矩阵键盘；

(4) AC 清零按键使用独立按键并接入单片机外部中断引脚；

(5) 声音提示开关按键使用独立按键并接入单片机外部中断引脚；

(6) 平方和开方按键由开发板上的独立按键实现；

(7) 电源采用 LM7805 稳压电路。

2. 系统结构

系统结构图如图 8-1 所示。

本设计主要包含单片机控制模块、输入模块、运算模块、电源模块及显示模块。

1) 按键调整电路

矩阵式按键输入模块的特点是：电路和软件稍复杂，但相比之下，键数越多，越节约 I/O 口，比较节省资源。其原理图如图 8-2 所示。

计算器输入数字和其他功能按键要用到很多按键，如果采用独立按键的方式，在这种情况下，编程会很简单，但是会占用大量的 I/O 口资源，因此在很多情况下都不采用这种方式，而是采用矩阵键盘的方案。计算器将通过按键输入数字和运算符，利用单片机不断扫描键盘。矩阵键盘采用四条 I/O 线作为行线，四条 I/O 线作为列线组成键盘，在行线和列线的每个交叉点上设置一个按键。这种行列式键盘结构能有效地提高单片机系统中 I/O 口的利用率。P1 口：作为输入口，与键盘连接，实现数据的输入。

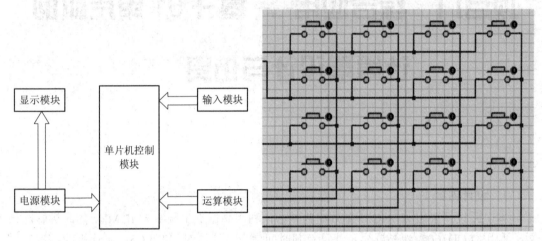

图 8-1　系统结构图　　　　　　　　图 8-2　矩阵按键电路原理图

2) 显示模块

LCD1602 液晶显示屏的特点是：可以调节其背光亮度，这种显示方式接口，编程虽然有些麻烦，但管理较方便，占用的 I/O 口资源线也不多。在计算器运算中，需显示的数字、符号较多，虽然 LCD1602 液晶显示屏在价格上的确是稍贵于 LED 数码管，但数码管在硬件设计电路中会因线太多、线路复杂而过于繁琐，此时一般舍弃 LED 数码管，选择 LCD 液晶显示屏。

3) 硬件资源分配

主要用到的硬件：单片机 AT89C51、液晶显示屏 LCD1602、4×4 按键键盘。

硬件分配：

(1) P1 口：作为输入口，与键盘连接，实现数据的输入；

(2) P0、P2 口：作为输出口(P2 口为高位，P0 口为低位)，控制 LCD 液晶显示屏显示数据的结果；

(3) 液晶显示屏 LCD1602 显示输出。

3. 源程序代码分析

　　　　#include<reg51.h>　　　　　　　　　//调用 C51 头文件

```
#define uint unsigned int              //定义变量类型
#define uchar unsigned char            //定义变量类型
sbit lcden=P2^3;                       //定义引脚
sbit rs=P2^4;
sbit rw=P2^0;
sbit busy=P0^7;
char i, j, temp, num, num_1;           //定义全局变量
long a, b, c;                          // a 第一个数，b 第二个数，c 得数
float a_c, b_c;
uchar flag, fuhao;                     //表示是否有符号键按下，fuhao 表征按下的那个符号
uchar code table[]={
                7, 8, 9, 0,
                4, 5, 6, 0,
                1, 2, 3, 0,
                0, 0, 0, 0}; //定义数组
uchar code table1[]={
                7, 8, 9, 0x2f-0x30,
                4, 5, 6, 0x2a-0x30,
                1, 2, 3, 0x2d-0x30,
                0x01-0x30, 0, 0x3d-0x30, 0x2b-0x30};
void delay(uchar z)        //延时函数
{
    uchar y;
    for(z; z>0; z--)
        for(y=0; y<110; y++);
}
void check()               //判断忙或空闲
{
    do
    {
        P0=0xFF;
        rs=0;                          //指令
        rw=1;                          //读
```

```
        lcden=0;                //禁止读写
        delay(1);               //等待，液晶显示处理数据
        lcden=1;                //允许读写
    }
    while(busy==1);             //判断是否为空闲，1 为忙，0 位空闲
}
void write_com(uchar com)       //写指令函数
{
    P0=com;                     // com 指令付给 P0 口
    rs=0;
    rw=0;
    lcden=0;
    check();
    lcden=1;
}
void write_data(uchar data)     //写数据函数
{
    P0=data;
    rs=1;
    rw=0;
    lcden=0;
    check();
    lcden=1;
}
void init()                     // 初始化
{
    num=-1;
    lcden=1;                    //使能信号为高电平
    write_com(0x38);            //8 位，2 行
    write_com(0x0c);            //显示开
    write_com(0x06);            //增量方式不移位
    write_com(0x80);            //检测忙信号
    write_com(0x01);            //显示开，光标关，不闪烁
```

```
        num_1=0;
        i=0;
        j=0;
        a=0;                          //第一个参与运算的数
        b=0;                          //第二个参与运算的数
        c=0;
        flag=0;                       // flag 表示是否有符号按下
        fuhao=0;                      // fuhao 表示按下是哪个符号
    }
    void keyscan()                    //键盘扫描程序
    {
        P3=0xfe;
        if(P3!=0xfe)
        {
            delay(20);                //延时 20ms
            if(P3!=0xfe)
            {
                temp=P3&0xf0;
                switch(temp)
                {
                    case 0xe0:num=0;
                        break;
                    case 0xd0:num=1;
                        break;
                    case 0xb0:num=2;
                        break;
                    case 0x70:num=3;
                        break;
                }
            }
            while(P3!=0xfe);
            if(num==0||num==1||num==2)      //如果按下的是 7、8 或 9
            {
```

```
            if(j!=0)
            {
                write_com(0x01);
                j=0;
            }
            if(flag==0)                    //没有按过符号键
            {
                a=a*10+table[num];
            }
            else                           //如果按下符号键
            {
                b=b*10+table[num];
            }
        }
        else                               //如果按下的是'/'
        {
            flag=1;
            fuhao=4;                        // 4 表示除号已按
        }
        i=table1[num];
        write_date(0x30+i);
    }
P3=0xfd;
if(P3!=0xfd)
{
    delay(5);
    if(P3!=0xfd)
    {
        temp=P3&0xf0;
        switch(temp)
        {
            case 0xe0:num=4;
                break;
```

```
                case 0xd0:num=5;
                    break;
                case 0xb0:num=6;
                    break;
                case 0x70:num=7;
                    break;
            }
        }
        while(P3!=0xfd);
        if(num==4||num==5||num==6&&num!=7)     //如果按下的是 4、5 或 6
        {
            if(j!=0)
            {
                write_com(0x01);
                j=0;
            }
            if(flag==0)                        //没有按过符号键
            {
                a=a*10+table[num];
            }
            else                               //如果按下符号键
            {
                b=b*10+table[num];
            }
        }
        Else                                   //如果按下的是'*'
        {
            flag=1;
            fuhao=3;                           // 3 表示乘号已按
        }
        i=table1[num];
        write_date(0x30+i);
    }
```

```
P3=0xfb;
if(P3!=0xfb)
{
    delay(5);
    if(P3!=0xfb)
    {
        temp=P3&0xf0;
        switch(temp)
        {
            case 0xe0:num=8;
                break;
            case 0xd0:num=9;
                break;
            case 0xb0:num=10;
                break;
            case 0x70:num=11;
                break;
        }
    }
    while(P3!=0xfb);
    if(num==8||num==9||num==10)        //如果按下的是 1、2 或 3
    {
        if(j!=0)
        {
            write_com(0x01);
            j=0;
        }
        if(flag==0)                    //没有按过符号键
        {
            a=a*10+table[num];
        }
        else                           //如果按下符号键
        {
```

```
            b=b*10+table[num];
        }
    }
    else if(num==11)                        //如果按下的是 '-'
    {
        flag=1;
        fuhao=2;                            // 2 表示减号已按
    }
    i=table1[num];
    write_date(0x30+i);
}
P3=0xf7;
if(P3!=0xf7)
{
    delay(5);
    if(P3!=0xf7)
    {
        temp=P3&0xf0;
        switch(temp)
        {
            case 0xe0:num=12;
                break;
            case 0xd0:num=13;
                break;
            case 0xb0:num=14;
                break;
            case 0x70:num=15;
                break;
        }
    }
    while(P3!=0xf7);
    switch(num)
    {
```

```
    case 12:{write_com(0x01); a=0; b=0; flag=0; fuhao=0; }//按下的是'清零'
        break;
    case 13:{                          //按下是 0
        if(flag==0)                    //没有按下符号键
        {
            a=a*10;
            write_date(0x30);
            P1=0;
        }
        else if(flag==1)               //如果按下符号键
        {
            b=b*10;
            write_date(0x30);
        }
    }
        break;
    case 14:{j=1;
        if(fuhao==1)
        {
            write_com(0x80+0x4f); //按下等号键, 光标前进至第二行最后一个显示处
            write_com(0x04);         //设置从后往前写数据, 没写完一个数据光标后退一格
                c=a+b;
            while(c!=0)
            {
                write_date(0x30+c%10);
                c=c/10;
            }
            write_date(0x3d);   //在写'='
            a=0; b=0; flag=0; fuhao=0;
        }
        else if(fuhao==2)
        {
            write_com(0x80+0x4f);     //光标前进至第二行最后一个显示处
```

```c
    write_com(0x04); //
    if(a-b>0)
        c=a-b;
    else
        c=b-a;
    while(c!=0)
    {
        write_date(0x30+c%10);
        c=c/10;
    }
    if(a-b<0)
        write_date(0x2d);
    write_date(0x3d);        //在写 '='
    a=0; b=0; flag=0; fuhao=0;
}
else if(fuhao==3)
{
    write_com(0x80+0x4f);
    write_com(0x04);        //设置从后往前写数据，没写完一个数据光标后退一格
    c=a*b;
    while(c!=0)
    {
        write_date(0x30+c%10);
        c=c/10;
    }
    write_date(0x3d);    //在写'='
    a=0; b=0; flag=0; fuhao=0;
}
else if(fuhao==4)
{
    write_com(0x80+0x4f);
    write_com(0x04);        //设置从后往前写数据，没写完一个数据光标后退一格
    i=0;
```

```
                        c=(long)(((float)a/b)*1000);
                        while(c!=0)
                        {
                            write_date(0x30+c%10);
                            c=c/10;
                            i++;
                            if(i==3)
                                write_date(0x2e);
                        }
                        if(a/b<=0)
                            write_date(0x30);
                            write_date(0x3d);
                            a=0; b=0; flag=0; fuhao=0;
                    }
                }
                break;
                case 15:{write_date(0x30+table1[num]); flag=1; fuhao=1; }
                    break;
            }
        }
    }
    main()
    {
        init();
        while(1)
        {
            keyscan();
        }
    }
```

4．硬件电路设计

元器件清单：晶振(CRYSTAL)、电阻(RES)、电容(CAP)、电解电容(CAP-ELEC)、单片机(AT89C51)、按键(Button)、排阻(RESPACK-8)、滑动变阻器(POT-HG)。

参考电路如图 8-3 所示，仿真效果图如图 8-4 所示。

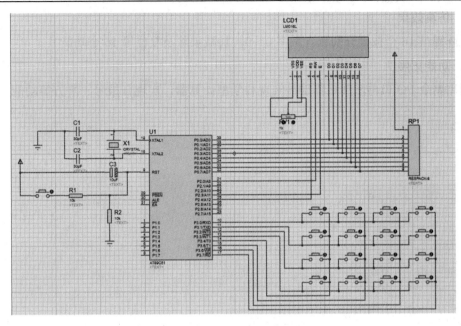

图 8-3　计数器参考电路

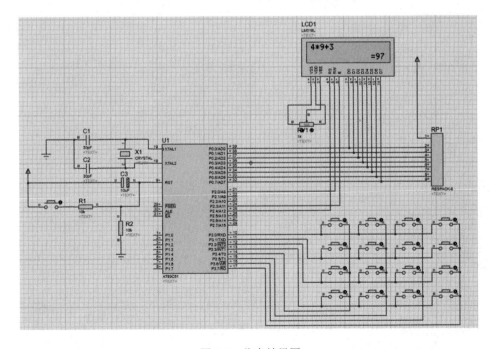

图 8-4　仿真效果图

5．仿真效果

矩阵键盘 16 个按键分别包含数字 0～9，加减乘除及复位等 16 个功能。

6．功能拓展

利用剩余 I/O 口再增加矩阵键盘实现科学型计算器，实现开根号、平方等功能。